制造业高端技术系列

采煤机智能化技术

司　垒　王忠宾　等著

机 械 工 业 出 版 社

采煤机的智能化是实现工作面智能化和无人化开采的前提条件。本书介绍了采煤机智能化相关技术的国内外研究现状，指出应用中存在的问题，设计了采煤机智能控制系统的总体架构，并对采煤机惯性导航精确定位、采煤机煤岩截割模式识别、综采工作面煤岩识别、采煤机截割路径优化、综采工作面煤壁片帮识别等采煤机智能化的关键技术进行了深入探讨。本书内容全面、新颖，涵盖了采煤机智能化的最新前沿技术，为提升煤矿智能化开采水平提供了坚实的理论基础。

本书读者对象是高等院校的教师和研究生，科研院所、企业的工程技术人员，以及关心煤矿智能化发展的各界人士。

图书在版编目（CIP）数据

采煤机智能化技术/司垒等著. —北京：机械工业出版社，2022.3
（制造业高端技术系列）
ISBN 978-7-111-70239-9

Ⅰ.①采… Ⅱ.①司… Ⅲ.①采煤机-机械设计-计算机辅助设计
Ⅳ.①TD421.602-39

中国版本图书馆 CIP 数据核字（2022）第 034015 号

机械工业出版社（北京市百万庄大街 22 号　邮政编码 100037）
策划编辑：贺　怡　　　　　责任编辑：贺　怡
责任校对：陈　越　王明欣　封面设计：马精明
责任印制：单爱军
北京虎彩文化传播有限公司印刷
2022 年 6 月第 1 版第 1 次印刷
169mm×239mm · 12.25 印张 · 1 插页 · 246 千字
标准书号：ISBN 978-7-111-70239-9
定价：96.00 元

电话服务　　　　　　　　　网络服务
客服电话：010-88361066　　机　工　官　网：www.cmpbook.com
　　　　　010-88379833　　机　工　官　博：weibo.com/cmp1952
　　　　　010-68326294　　金　书　网：www.golden-book.com
封底无防伪标均为盗版　机工教育服务网：www.cmpedu.com

前　言

　　我国煤炭资源丰富，煤炭储量居世界第二位。煤炭是国民经济和社会发展的能源基础，它在我国一次能源生产和消费结构中所占比重一直保持在 50% 以上，预计到 2035 年，煤炭仍将在我国能源供给中占比 40% 左右。在未来较长的一段时间里，煤炭在我国能源消费中拥有绝对的主导地位。由于煤矿井下作业环境恶劣及采掘装备的可靠性和智能化水平低，煤炭生产仍属于高危行业。近年来，随着我国煤炭开采技术和装备的发展，煤矿安全生产形势稳定好转，但事故总量依然很大，煤矿百万吨死亡率指标与世界先进产煤国家相比仍有较大差距。因此，亟待提高采煤装备的智能化水平，实现"无人化"或"少人化"开采，改善采煤工人的劳动条件，降低劳动强度，提升煤矿安全生产水平，保障国家能源安全。

　　作为综采工作面的关键装备，采煤机的智能化是实现工作面智能化和无人化开采的前提条件。自 20 世纪 60 年代以来，国内外一些高校、科研院所和煤机制造企业进行了煤岩识别、采煤机状态识别及智能控制相关的研究，但由于综采工作面具有不断推移和复杂多变的工况特点，采煤机难以根据煤层地质条件的变化自适应地调整工作状态，导致采煤机智能控制的应用效果并不理想。本书着重介绍了作者研究团队多年来在煤矿智能化开采方面的研究成果，旨在为行业内科研院校及煤矿企业提供参考。本书共分为 7 章。第 1 章绪论部分概述了我国采煤技术的发展概况，回顾了煤岩识别技术和采煤机定位技术的国内外研究现状，并指出应用中存在的问题。第 2 章详细地介绍了采煤机的基本结构及工作原理，设计了采煤机智能控制系统的总体架构，凝练了智能化采煤机的关键技术。第 3 章分析了采煤机惯性导航定位产生的主要误差类型，提出了一种采煤机惯性导航定位方案，建立了采煤机惯性导航定位的姿态误差模型、速度误差模型、位置误差模型和系统误差模型；为了提高采煤机惯性导航定位的初始对准精度，对果蝇优化算法进行了改进，研究了基于果蝇优化卡尔曼滤波算法的采煤机惯性导航定位初始对准方法；然后，研究了基于差分式惯性传感组件的采煤机位姿姿态分解算算法；最后，设计并搭建了采煤机惯性导航定位试验平台，进一步验证提出的采煤机惯性导航定位方法的正确性和可行性。第 4 章在分析采煤机煤岩截割模式的基础上，详细探讨了煤岩截割传感信号的产生机理；在此基础上，研究了基于多传感信息融合的采煤机煤岩识别方法；然后，研究了采煤机截割过程中煤壁温度变化的影响因素以及煤壁红外热成像图的温度分布特征。第 5 章借助煤岩可见光图像及煤岩截割表面的激光点云数据，建立了卷积神经网络模型，设计了激光点云数据精简和分割算法，分别研究了基于深度学习和激光扫描的综采工作面煤岩识别方法。第6章通过采煤机滚筒截割的历史数据来生成煤层分布边界的历史特征点，研究了基于煤层分布预测的采煤机截割路径规划方法；然后，设计了采煤机滚筒截割路径模糊优化方法；在此基础上，研究了基于双坐标系的采煤机截割路径平整性控制方法，从而为采煤机的智能调高提供依据。第7章以识别煤壁片帮为目标，研究了基于机器视觉的综采工作面煤壁片帮识别关键技术，提出了综采工作面监控图像增强方法与煤壁片帮特征分析方法，实现了煤壁片帮危害程度评估。

　　本书所进行的研究，得到了国家发展改革委"2011年智能制造装备发展专项"——"煤炭综采成套装备及智能控制系统"（发改办高技〔2011〕2548号），国家自然科学基金项目"基于煤岩识别的采煤机自适应调高与调速控制策略研究"（U1510117）、"采煤机截割部混叠振动信号解耦机理及其截割模式识别方法研究"（51605477）、"采煤机截割煤壁温度场演变机理及截割动力自适应控制策略研究"（52174152），中国博士后科学基金项目"基于红外热成像的采煤机截割强度识别及调控策略研究"（2019M661974）等项目的大力支持，作者在此表示衷心的感谢。

　　本书所进行的研究，还得到了江苏省高校优势学科建设工程资助项目、矿山智能采掘装备省部共建协同创新中心、江苏省矿山机电装备高校重点实验室、江苏省综采综掘智能化装备工程技术研究中心、江苏省智能矿山装备工程研究中心的大力支持，作者在此表示衷心的感谢。

　　参加本书撰写的还有谭超、周信、万淼、徐荣鑫、刘朋、熊祥祥、蒋干。由于作者水平有限，书中不当之处在所难免，恳请读者朋友不吝赐教，提出宝贵的批评和建议，我们将不胜感激。

作　者

目　录

第1章

绪　论

1.1　我国采煤技术的发展历程

我国煤炭赋存条件多样，开采条件复杂。新中国成立后，经过不断的采煤方法改革，发展了以长壁采煤方法为主的采煤方法体系。第一个五年计划期间，我国继续进行采煤方法改革，到 1957 年，全国采煤机械化程度达到 12.57%。20 世纪70—80 年代，我国进行了大规模综采装备引进，推动了由人工采煤、炮采、普采到综采的技术革命，成为中国煤炭工业发展史上具有里程碑意义的重大事件。通过消化吸收国外的综采装备，逐步开展国产综采技术与装备的研发。于 1984 年颁布了我国第一部液压支架标准 MT 86—1984《液压支架型式试验规范》，这标志着我国综采技术与装备研发初具雏形[1-2]。

从 1985 年开始，我国综采技术与装备从消化吸收阶段进入到自主研发的阶段。针对我国不同矿区复杂煤层赋存条件，研发了适用于薄煤层、中厚煤层、厚及特厚煤层的综采（放）技术与装备，并针对大倾角、急倾斜等煤层条件，开发了大倾角液压支架、分层铺网液压支架等特殊类型的液压支架，逐步形成了综采液压支架设计理论方法体系；制定了液压支架和其他综采装备技术标准，初步实现了普通液压支架、采煤机、运输设备等的国产化制造。针对我国分布广泛的特厚煤层赋存条件，开发了低位高效综采放顶煤液压支架与综放技术，实现了厚及特厚煤层的安全、高效、高采出率开发。

在此期间，国外发达采煤国家研发了以高可靠性、大功率综采装备为基础的高效集约化综采模式，采用高可靠性、强力液压支架，大功率采煤机，重型刮板输送机等，大幅提高了综采工作面的产量与效率。受制于薄弱的工业制造基础，我国综采装备制造技术、设备参数、检验标准等，均远落后于发达国家。从 1995 年起，神东矿区通过大量引进国外高端综采成套设备，实现了工作面的高产高效开采。由于国产装备与进口装备在生产能力、可靠性等方面存在显著差距，导致德国 DBT、美国 JOY 等国外煤机企业长期垄断我国高端综采装备市场[3]。

为了扭转我国高端煤机装备长期依赖进口的局面，近十余年，在国家"863"计划重点资助项目"煤矿井下采掘装备遥控关键技术"、国家科技支撑计划重点项目"特厚煤层大采高综放开采成套技术与装备研发"、国家"973"计划项目"深部危险煤层无人采掘装备关键基础研究"，以及国家发展和改革委员会、财政部、工业和信息化部关于组织实施智能制造装备发展专项的支持下，针对我国特殊的煤层赋存条件，研发了多种系列的大采高综采（放）成套装备，建立和完善了综采装备技术标准体系，突破了采煤机记忆截割、截割模式识别、液压支架自适应控制、综采装备协同控制等关键技术，彻底改变了我国高端综采成套装备长期依赖进口的局面。上述超高端成套技术与装备的成功研发与应用，标志着我国综采技术与装备已经由跟随国外发展，跨越至引领世界综采技术发展的新阶段[4-5]。

1.2 高可靠性采煤机的发展历程

高可靠性采煤机装备是实现工作面自动化、智能化开采的基本保障。20 世纪 80 年代末，德国、美国等发达国家研发了直流电牵引采煤机，20 世纪 90 年代后期发展为交流大功率采煤机，成为主流采煤机。我国在引进国外先进采煤机的基础上，利用"八五""九五""十五"科技攻关计划，研发了薄煤层矮机身采煤机、中厚煤层采煤机、大倾角采煤机、大采高大功率采煤机等系列采煤机，但采煤机可靠性长期落后于国外先进产品。

进入"十一五"以来，国产大型煤机装备发展迅猛，采煤机装机总功率突破 2000kW，最大截割高度突破 6m，攻克了一系列制约煤机装备发展的技术瓶颈。"十二五"和"十三五"期间，逐步建立了采、掘、运、支成套装备及关键元部件的试验与检测标准体系，成功研发了成套系列化国产煤机装备，采煤机装机总功率达到近 3000kW，截割功率达到 1150kW，截割高度突破 8.0m，生产能力达 4500t/h；研发了以 DSP（数字信号处理器）为核心、基于 CAN-Bus 技术的新一代分布嵌入式控制系统，实现了采煤机的自动化控制，且随着控制技术、远程通信技术的不断发展和日臻完善，逐步由单机自动化向智能化及综采设备群智能联动控制方向发展。2019 年 8 月，由西安煤矿机械有限公司、国家能源集团神东煤炭集团公司和中国矿业大学联合研制的具有自主知识产权的世界首台 8.8m 超大采高智能化采煤机在西安下线，打造出了全世界单井单面产量最高、效率最优的 1600 万 t 特级安全高效矿井，填补了国内乃至世界特厚煤层综采工作面一次性采全高的技术空白，是高端采煤装备国产化进程中的一项重要突破[6-7]。

经过多年研究，国外的主要采煤机厂家如美国的 JOY 公司、德国的 Eickhoff 公司和 DBT 公司，研发了具有记忆截割功能的采煤机，并在煤层稳定、顶底板比较平整的综采工作面得到了初步应用。目前，JOY 公司的 7LS 系列和 Eickhoff 公司的 SL 系列占据着采煤机高端市场。进入 21 世纪，以惯性导航技术、煤岩性状在线识别技术、虚拟现实技术、多传感器技术为代表的综采工作面自动化技术使智能化采煤成为可能。澳大利亚研制的 LASC 系统已在 50% 的长壁工作面成功使用；美国研制的一整套薄煤层长壁装备，利用了最新的自动化技术，包括工作面矫直系统、煤机控制系统（ASA）、RS20 电控系统、支架人员接近保护技术、视频监测系统、红外摄像系统、煤机与支架防撞技术等，已经在挪威的煤矿取得较好的效果；德国、英国、波兰等国家的研究机构相继开展了煤岩界面、防撞技术、采煤机位置监测等相关技术研究。

1.3 采煤机智能化相关技术的研究现状

关于智能化采煤机的研究现状，本书主要从两个方面进行总结与讨论。一是如何准确感知采煤机的运行状态，进而实现采煤机滚筒调高和牵引调速的协同控制，即煤岩识别技术；二是如何获取采煤机在综采工作面中的位置和姿态，即采煤机定位技术。

1.3.1 煤岩识别技术

自 20 世纪 60 年代以来，煤岩识别技术一直是采煤机自动化和智能化生产的研究重点和难点，因此国内外学者展开了大量的理论和实践研究，先后提出了 20 余种方法，其中具有代表性的方法包括：放射性射线探测法、红外探测法、振动探测法和图像探测法等。

放射性射线探测法使用的主要是 γ 射线，其中 γ 射线又分为人工 γ 射线和天然 γ 射线。20 世纪 80 年代，英国学者 Bessinger 和 Nelson[8] 用碘化钠等晶体制成的 γ 射线探测器，接收天然顶底板放射的 γ 射线并将其转换成电信号传送至识别器，γ 射线探测器接收到的 γ 射线强度与探测器和顶底板之间的距离、顶底板预留煤层的厚度有关，识别器根据电信号的强弱进行煤岩识别。20 世纪 90 年代，黑龙江科技大学的纪钢等[9] 建立了天然 γ 射线穿过煤层的物理模型，获得了页岩表面 γ 辐射能谱和顶板岩中的天然 γ 射线穿过 0~40cm 厚的精煤和原煤吸收曲线，为顶板煤层厚度传感器的设计提供了可靠的依据。山东科技大学的王增才等[10] 根据煤与矸石中的天然 γ 射线放射性含量具有显著差异这一物理特性，提出了利用煤与矸石中的天然 γ 射线的差异来检测放顶煤过程中煤矸混合度的方法，推导出了煤矸混合体中的矸石含量与检测仪器天然 γ 射线计数率的数学关系。大量试验表明，对于顶板不含放射性元素或放射性元素含量较低的工作面，以及煤层中夹矸过多的工作面，利用天然 γ 射线探测方法难以精确测定煤层厚度。针对天然 γ 射线的不足，学者 Mowrey[11] 采用人工 γ 射线探测的方法替代天然 γ 射线探测法，利用人工 γ 射线散射的强度与介质的密度和厚度成正比的关系实现煤岩识别。人工 γ 射线源具有放射性危害，且人工 γ 射线散射后的穿透能力有限，对于中厚煤层难以精确探测其厚度，煤层中的夹杂物也会影响探测精度；对于顶底板不含放射性元素或放射性元素含量较低的工作面，以及煤层中夹矸过多的工作面，利用天然 γ 射线探测方法又难以精确测定煤层厚度，因此放射性射线探测法未能得到广泛使用[12]。

红外探测法具有被动工作、抗干扰性强、目标识别能力强和全天候工作等特点[13]。基于这些特点，红外探测法也被国内外学者运用到煤岩识别领域中。基于红外探测法的煤岩识别技术最早由美国矿业局匹兹堡采矿安全研究中心提出[14]，由于煤岩质地不同，采煤机滚筒截割岩层时的温度高于煤层的温度，以此可以判断滚筒截割的是煤层还是岩层。美国学者 Hargrave 等[15] 利用红外检测技术设计了煤岩截割模式识别装置，该装置可以有效穿透煤尘，并具有 0.1℃ 的高分辨率。Jonathon 等[16-17] 提出了一种利用红外热成像自动追踪长壁工作面煤层地质特征的方法，并根据地质特征推断出煤层的地质趋势。大连理工大学的张强等[18] 建立了采煤机截齿煤岩截割试验台，分析得到截齿在截割煤、岩过程中的温度演化规律及闪温特征，研究结果为实现煤岩界面动态识别提供了重要的理论及数值依据。太原理工大学的梁义维[19] 在研究过程中发现，红外监测的温度还与煤、岩的机械特性有关，这使它无法准确识别夹矸等地质条件的煤岩分布情况，因此利用红外探测法对综采工作面进行煤岩识别时，对煤岩的机械特性有一定要求。

振动检测法的依据是在采煤机截割不同硬度的煤层、岩石以及夹矸煤层时，采煤机的振动频率、波形等特征存在明显不同。在采煤机工作过程中，根据采煤机机身、摇臂、轴承等关键部件的振动频率特性和幅值特性便可进行煤岩截割模式识别[20]。小松集团的 Tiryaki[21] 利用 AutoLISP 和 Quick BASIC 编程语言分析采煤机截割不同煤岩介质过程中的振动和效率问题。山东大学的张国新等[22] 提出了一种基于堆叠稀疏自动编码器（SSAE）的煤岩界面识别方法，使用加速度传感器来测量截割过程中煤和岩石产生不同的尾梁振动来识别放顶煤的煤岩界面。李一鸣等[23] 针对垮落煤岩识别的实时性和综放开采的效率问题，基于采集综放开采现场垮落煤岩冲击液压支架后尾梁的振动信号，提出了一种基于 EEMD-KPCA 和 KL 散度的垮落煤岩识别方法。通过此识别方法，可以实现对垮落煤岩的实时识别，且大大降低了传统垮落煤岩识别方法对综放开采效率的影响。张福建[24] 在研究中指出，振动检测法虽然在系统硬件方面仅需要振动传感器、信号变送器和信号处理器等装置，但是对传感器的安装位置和角度要求较高，且高频信号的实时在线处理对信号处理装置要求较高，而目前的采煤机机载控制器难以满足要求；另外，当采煤机的位姿状态不理想时，采集的振动信号不能真实反映采煤机的实际工况。

随着图像探测技术的发展与推广，一些学者通过获取采煤机截割过程中煤层的断面图像，并利用图像增强、去噪和识别技术进行煤岩识别。西安科技大学的董丽红等[25] 针对传统的 Canny 算法难以选择高斯滤波器的参数和高低阈值，造成渐进边缘信息丢失和虚假边缘的现象，提出了一种改进的 Canny 边缘检测算法，采用自适应中值滤波算法，根据灰度均值和方差均值来计算 Canny 算法的阈值。该算法可以更好地保护图像边缘细节，并可以抑制图像边缘模糊问题。中国煤炭科工集团有限公司的张婷[26] 借助图像处理技术及特征提取方法，提出了基于变换域与高斯混合模型聚类的煤岩识别方法，采用离散余弦变换和离散小波变换分别提取煤岩图像的内容和纹理信息，组成的特征向量经过高斯混合模型聚类进行分类识别，有效地获得了煤岩图像的主要特征，提高了识别准确率。中国矿业大学（北京）的孙继平[27-28]利用数字图像技术提出了一种煤岩界面检测方法，利用灰度共生矩阵，从煤岩中提取了22个纹理特征，在优化的低维特征空间中，采用Fisher判别法建立了煤岩分类器，平均识别率达到94.12%。

除上述几种方法外，学者们还提出了声音检测法[29]、电磁波检测法[30-32]、光谱探测法[33-34]等方法对煤岩界面进行识别，但这些方法目前大多处于理论建模与仿真阶段，未得到广泛使用。

1.3.2 采煤机定位技术

现有的采煤机定位技术主要包括红外定位技术、超声波定位技术、齿轮计数定位技术、无线定位技术及惯导定位技术等。

1. 采煤机常规定位方法

国外对采煤机定位的研究比较成熟。20世纪90年代初期，Jobes提出了一种采煤机的远程定位系统MPHS，并给出了计算位置和航向的方法[35]。Strickland等提出了基于超声波测距传感器的采煤机定位技术[36]。Henderson等综合分析了长壁综采工作面采煤机的移动规律，建立了截割运动模型，并提出了定位误差校正策略[37]。近年来，Cosijns等通过轴编码器计算电动机的转速，进而换算出采煤机的前进距离[38]。Kim等利用超声波传感器测量煤壁返回的强回声来感知采煤机的位置[39]。

国内方面，随着红外技术的快速发展，刘清等在采煤机上安装红外发射装置发射广角脉冲，通过液压支架上的红外接收装置接收信号，对接收信号的强弱进行分析，从而判断采煤机的具体位置[40]。张连昆等将超声波发射装置安装在工作面巷道中，根据采煤机反射的超声波确定采煤机和巷道的相对位置关系[41]。齿轮计数定位通过计算可获得准确的行程信息，因此被广泛应用于采煤机定位。夏护国利用霍尔传感器和安装在圆盘上的磁珠来计算采煤机行走轮转过的圈数，从而实现采煤机的定位[42]。梁博将编码器测得的齿轨轮角位移换算成采煤机的行走位移，从而确定采煤机的当前位置[43]。随着无线技术的日益成熟，罗成名等提出了移动无线传感网络来进行采煤机的定位，通过仿真研究无线测距误差、锚节点密度和锚节点基准坐标漂移方向等因素对采煤机定位精度的影响[44]。刘清利用超宽带（UWB）定位系统和基于ToF（飞行时间法）的测距方法实现了采煤机的准确定位[45]。

2. 采煤机惯性导航定位方法

惯性导航系统能在全球范围内和任何介质环境里自主地、隐蔽地进行连续的三维定位和定向，因此非常适用于环境恶劣的综采工作面。当采煤机进行惯性导航定位时，通过固连在采煤机机身上的陀螺仪和加速度计测量其相对于惯性坐标系的旋转角速度和加速度矢量，依据坐标变换和初始时刻的位置和姿态，解算出导航系中的采煤机姿态和位置。

国外在采煤机惯性导航定位的研究中起步较早，20世纪90年代，John提出了采煤机机载航向系统，随后又开发了模块化航向位置系统。该系统使用激光陀螺仪结合零速更新技术对采煤机实现准确定位[46]。Schiffbauer将惯性导航系统安装在采煤机上，并在工作面上进行了精度和性能测试[47]。Reid等提出了一种基于GIS（地理信息系统）的采煤机定位方法，通过识别出每个截割循环过程中采煤机封闭路径提高了INS（惯性导航系统）的稳定性，实现了长壁采煤机三维轨迹的精确测量[48]。澳大利亚联邦科学与工业研究组织（CSIRO）推出了基于陀螺仪导向定位的自动化采煤方法（简称LASC），LASC技术采用高精度光纤陀螺仪和定制的定位导航算法，解决了惯性导航系统与采煤机高度通信、采煤机起点校准、截割曲线生成和支架推移调整控制等难题，LASC的核心技术包括：采煤机的三维空间定位、自动工作面拉直、保持工作面平直、自动调高控制、3D可视化为远程监控提供虚拟现实等[49]。

国内在采煤机惯性导航定位的研究上日益成熟，中国矿业大学的樊启高等设计了基于捷联惯导的采煤机定位系统。该系统将惯导终端固定在采煤机上，测出采煤机的三轴加速度和三轴角速度进而获得采煤机的位姿信息[50]。为了提高采煤机惯性导航定位的精度，国内学者在改进惯性导航定位算法和融合定位方面进行了研究。郝尚清等建立了采煤机惯性导航安装偏差所引起的采煤机定位误差模型，提出了基于两点法的偏差角校准算法实现采煤机的精确定位[51]。赵靖提出了基于卡尔曼滤波算法的采煤机惯性导航定位方法，经过卡尔曼滤波不断修正系统设定状态参数与实际状态参数之间的误差，实现对采煤机的精确定位[52]。张金尧等针对综采工作面采煤机定位精度较低的问题，提出了一种基于Rodrigues参数法的采煤机捷联惯导定位方法[53]。西安科技大学的郭卫等提出了基于捷联惯导的采煤机位置和运行姿态检测方法，并对采煤机捷联惯导系统的姿态算法进行研究，提高了采煤机的定位精度[54]。张庆提出了基于捷联惯导的采煤机姿态调整方法，推导了采煤机在不同截割工况下，采煤机截割高度与机身倾角之间的关系式[55]。王世佳等基于惯性导航与轴编码器组合实现了对采煤机的精确定位[56]。冯帅通过红外传感器、轴编码器和惯性导航三种定位方法的融合模型消除了底板曲线形状产生的定位误差，提高了定位精度[57]。应葆华构建了采煤机SINS/WSN组合定位定姿模型，给出了基于信赖度的位置组合校正方法[58]。李昂等提出了一种基于捷联惯导与轴编码器组合的采煤机定位方法[59]。毛君等利用惯性地磁辅助惯性导航对采煤机进行动态定位[60]。

通过对国内外采煤机定位方法研究现状的调研和分析可知，尽管国内外学者针对采煤机定位和惯性导航定位误差修正进行了研究，但仍然存在以下问题：

1）传统的红外、无线、超声波及齿轮计数等采煤机常规定位方法不能测量采煤机的航向，无法真正实现采煤机运动轨迹的监测。

2）采煤机惯性导航定位误差分析不全面，建立的初始对准方法和位姿解算方法没有充分考虑采煤机的实际运动工况，影响实际应用的精度，难以满足采煤机的定位要求。另外，惯性导航系统容易随时间产生累积误差，减少惯性导航系统累积误差的方法主要集中在改进惯性导航算法和利用辅助定位手段方面，缺少从惯性导航系统结构上抑制累积误差的方法。

参 考 文 献

[1] 王国法，刘峰，孟祥军，等. 煤矿智能化（初级阶段）研究与实践 [J]. 煤炭科学技术，2019，47（8）：1-36.

[2] 王国法，庞义辉，任怀伟. 煤矿智能化开采模式与技术路径 [J]. 采矿与岩层控制工程学报，2020，2（1）：15.

[3] 边文越，陈挺，陈晓怡，等. 世界主要发达国家能源政策研究与启示 [J]. 自然资源学报，2019，34（4）：488-496.

[4] 张立宽. 改革开放40年我国煤炭工业实现三大科技革命 [J]. 中国能源，2018，40（12）：9-13.

[5] 王国法，杜毅博. 智慧煤矿与智能化开采技术的发展方向 [J]. 煤炭科学技术，2019，47（1）：1-10.

[6] 范京道，王国法，张金虎，等. 黄陵智能化无人工作面开采系统集成设计与实践 [J]. 煤炭工程，2016，48（1）：84-87.

[7] 王国法，王虹，任怀伟，等. 智慧煤矿2025情境目标和发展路径 [J]. 煤炭学报，2018，43（2）：295-305.

[8] BESSINGER S L, NELSON M G. Remnant roof coal thickness measurement with passive gamma ray instruments in coal mine [J]. Industry Applications, 1993, 29（3）：562-565.

[9] 纪钢，李冬辉，吴学胜. 天然 γ 射线穿过煤的规律性研究 [J]. 煤炭学报，1994，19（1）：65-70.

[10] 王增才，张秀娟，张怀新，等. 自然 γ 射线方法检测放顶煤开采中的煤矸混合度研究 [J]. 传感技术学报，2003（4）：442-446.

[11] MOWREY G L. Horizon control holds key to automation [J]. International Journal of Rock Mechanics and Mining Sciences and Geomechanics, 1991, 11：44-49.

[12] 于凤英. 基于遗传神经网络的煤岩界面识别方法的研究 [D]. 太原：太原理工大学，2007.

[13] 李俊山，杨威. 红外图像处理分析与融合 [M]. 北京：科学出版社，2009.

[14] MARKHAM J R, SOLOMON P R, BEST P E. An FT-IR based instrument for measuring spectral emittance of material at high temperature [J]. Review of Scientific Instruments, 1990, 61（12）：3700-3708.

[15] HARGRAVE C O, REID D C, Hainsworth D W, et al. Mining methods and apparatus：US20090212216A1 [P]. 2009-8-27.

［16］ RALSTON J C, STRANGE A D. Developing selective mining capability for longwall shearers u-sing thermal infrared-based seam tracking ［J］. International Journal of Mining Science and Technology, 2013, 23 (1)：47-53.

［17］ RALSTON J C. Automated longwall shearer horizon control using thermal infrared-based seam tracking ［C］//2012 IEEE International Conference on Automation Science and Engineering (CASE). Seoul：IEEE, 2012：20-25.

［18］ 张强, 王海舰, 王兆, 等. 基于红外热像检测的截齿煤岩截割特性与闪温分析 ［J］. 传感技术学报, 2016, 29 (5)：686-692.

［19］ 梁义维. 采煤机智能调高控制理论与技术 ［D］. 太原：太原理工大学, 2005.

［20］ HEKIMOGLU O Z; TIRYAKI B. Effects of drum vibration on performance of coal shearers ［J］. Transactions of the Institution of Mining and Metallurgy, Section A：Mining Technology, 1997, 106：A91-A94.

［21］ TIRYAKI B. Computer simulation of cutting efficiency and cutting vibrations in drum shearer-loaders ［J］. Earth Sciences, 2000, 22 (22)：247-259.

［22］ ZHANG G X; WANG Z C; ZHAO L. Recognition of rock-coal interface in top coal caving through tail beam vibrations by using stacked sparse autoencoders ［J］. Journal of Vibroengineer-ing, 2016, 18 (7)：4261-4275.

［23］ 李一鸣, 白龙, 蒋周翔, 等. 基于 EEMD-KPCA 和 KL 散度的垮落煤岩识别 ［J］. 煤炭学报, 2020, 45 (2)：827-835.

［24］ 张福建. 电牵引采煤机记忆截割控制策略的研究 ［D］. 北京：煤炭科学研究总院, 2007.

［25］ DONG, L H; ZHAO P B. Application of improved canny edge detection algorithm in coal-rock interface recognition ［J］. Applied Mechines and Materials, 2012, 220-223：1279-1283.

［26］ 张婷. 基于变换域与高斯混合模型聚类的煤岩识别方法 ［J］. 煤炭技术, 2018, 37 (11)：320-323.

［27］ SUN J P, SU B. Coal-rock interface detection on the basis of image texture features ［J］. International Journal of Mining Science and Technology, 2013, 23 (5)：681-687.

［28］ 孙继平. 基于图像识别的煤岩界面识别方法研究 ［J］. 煤炭科学技术, 2011, 39 (2)：77-79.

［29］ LIU, W. Coal rock interface recognition based on independent component analysis and BP neural network ［C］//2010 3rd International Conference on Computer Science and Information Tech-nology. Chengdu：IEEE, 2010, 5：556-558.

［30］ STRANGE A D. Robust thin layer coal thickness estimation using ground penetrating radar ［D］. Queensland University of Technology, 2007.

［31］ 苗曙光. 基于 GPR 与 ESR 的煤岩性状识别方法研究 ［D］. 徐州：中国矿业大学, 2019.

［32］ 王昕. 基于电磁波技术的煤岩识别方法研究 ［D］. 徐州：中国矿业大学, 2017.

［33］ YANG E, WANG S, GE S, et al. Study on the principle of hyperspectral recognition of coal-rock interface ［J］. Meitan Xuebao/Journal of the China Coal Society, 2018, 43：646-653.

［34］ WANG X, HU K X, ZHANG L, et al. Characterization and classification of coals and rocks using terahertz time-domain spectroscopy [J]. Journal of Infrared, Millimeter&Terahertz Waves, 2017, 38 (2): 248-260.

[35] JOBES C C. Mechanical sensor guidance of a mining machine [J]. IEEE Transactions on Industry Applications, 1993, 29 (4): 755-761.

[36] STRICKLAND W H, KING R H. Characteristics of ultrasonic ranging sensors in an underground environment: report of investigations 9452 [R]. United States Department of the Interior. Bureau of Mines, 1993.

[37] HENDERSON P. Interconnection of landmark compliant longwall mining equipment-shearer communication and functional specification for enhanced horizon control [R]. CS IRO Exploration & Mining Report P2004/6, 2004.

[38] COSIJNS S J A G, JANSEN M J. Advanced optical incremental sensors: encoders and interferometers [J]. Smart Sensors & Mems, 2014, 1 (9): 230-277.

[39] KIM S, KIM H. Optimally overlapped ultrasonic sensor ring design for minimal positional uncertainty in obstacle detection [J]. International Journal of Control, Automation and Systems, 2010, 8 (6): 1280-1287.

[40] 刘清, 魏文艳. 基于红外检测装置的采煤机定位算法研究 [J]. 机械工程与自动化, 2013 (6): 157-159.

[41] 张连昆, 谢耀社, 周德华, 等. 基于超声波技术的采煤机位置监测系统 [J]. 煤炭科学技术, 2010, 38 (5): 104-106.

[42] 夏护国. 采煤机位置监测装置的原理与应用 [J]. 矿山机械, 2007 (11): 43-45.

[43] 梁博. 电牵引滚筒采煤机姿态控制研究 [D]. 西安: 西安科技大学, 2013.

[44] 罗成名, 李威, 樊启高, 等. 移动无线传感器网络下的采煤机定位精度 [J]. 中南大学学报 (自然科学版), 2014 (2): 428-434.

[45] 刘清. 基于超宽带技术的采煤机定位系统设计 [J]. 煤炭科学技术, 2016 (11): 132-135.

[46] JOHN J S. A guidance sensor for continuous mine haulage [R]. U. S. Department of Energy, 1996.

[47] SCHIFFBAUER W H. Navigation and control of continuous mining systems for coal mining [C] // IAS 96. Conference Record of the 1996 IEEE: Industry Applications Conference. Thirty-First IAS Annual Meeting. IEEE, 1996.

[48] REID D C, HAINSWORTH D W, RALSTON J C, et al. Shearer guidance: a major advance in long-wall mining [J]. Field and Service Robotics: Recent Advances in Research and Application, 2006, 24: 469-476.

[49] 王金华, 黄乐亭, 李首滨, 等. 综采工作面智能化技术与装备的发展 [J]. 煤炭学报, 2014, 39 (8): 1418-1423.

[50] 樊启高, 李威, 王禹桥, 等. 一种采用捷联惯导的采煤机动态定位方法 [J]. 煤炭学报, 2011, 36 (10): 1758-1761.

[51] 郝尚清, 李昂, 王世博, 等. 采煤机惯性导航安装偏差对定位误差的影响 [J]. 煤炭学报, 2015, 40 (8): 1963-1968.

［52］　赵靖.基于卡尔曼滤波算法的采煤机惯导定位方法［J］.工矿自动化，2014，40（10）：29-32.

［53］　张金尧，李威，杨海，等.采煤机捷联惯导定位方法研究［J］.工矿自动化，2016，42（3）：52-55.

［54］　郭卫，张露，赵栓峰.基于捷联惯导的采煤机姿态解算算法研究［J］.矿山机械，2014（6）：15-20.

［55］　张庆.采煤机组合定位与姿态监测方法研究［D］.太原：太原理工大学，2018.

［56］　王世佳，王世博，张博渊，等.采煤机惯性导航定位动态零速修正技术［J］.煤炭学报，2018，43（2）：578-583.

［57］　冯帅.采煤机-液压支架相对位置融合校正系统关键技术研究［D］.徐州：中国矿业大学，2015.

［58］　应葆华.SINS/WSN下采煤机位姿监测系统及试验研究［D］.徐州：中国矿业大学，2015.

［59］　李昂，郝尚清，王世博，等.基于SINS/轴编码器组合的采煤机定位方法与试验研究［J］.煤炭科学技术，2016，44（4）：95-100.

［60］　毛君，钟声，马英.基于模糊AKF地磁辅助导航的采煤机定位方法［J］.传感器与微系统，2018，37（3）：48-50.

第2章

采煤机的基本结构及智能控制系统架构

2.1　采煤机的基本结构

　　根据行走机构驱动方式的不同，采煤机可分为机械牵引式、液压牵引式及电牵引式。其中电牵引式采煤机（以下简称采煤机）具有效率高、结构简单、使用寿命长等优点，因此目前广泛应用于我国各大井工开采的煤矿。典型的采煤机结构如图 2-1 所示[1-4]。

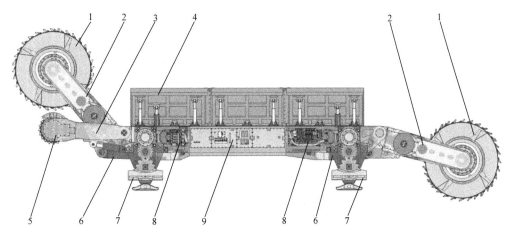

图 2-1　电牵引采煤机基本结构

1—截割滚筒　2—滚筒摇臂　3—破碎摇臂　4—防护板　5—破碎滚筒　6—调高液压缸
7—导向滑靴　8—液压调高系统　9—电气控制箱

　　根据采煤机的结构组成，可以将采煤机结构分为：牵引传动箱、摇臂及截割滚筒、牵引控制箱、主机架、液压箱和冷却喷雾系统等。从电气功能角度分析，可以将采煤机结构分为：截割电动机、牵引电动机、高压控制箱、牵引变频控制箱、泵站电动机、牵引变压器箱、主控系统，以及左、右端头控制站。其中，牵引传动箱、牵引控制箱、液压系统和高压控制箱分别安装在主机架面向采空侧的腔室内，每部分可方便地推入或抽出。下面对采煤机主要组成部分的结构及功能进行详细阐述。

1. 截割部

采煤机截割部安装于采煤机两端，有左右之分，通过连接机架与采煤机机身铰接，主要完成的工作是落煤和割煤。其结构如图 2-2 所示，包括截割滚筒、摇臂和左、右截割电动机。截割滚筒的旋转是由多级齿轮、行星齿轮和惰轮啮合的传动装置来驱动，由滚筒上的截齿旋转割煤完成落煤和碎煤；截割滚筒上旋转的螺旋叶片将截割下来的煤推到采煤机行走支撑下的刮板输送机上，完成装煤过程。为了

图 2-2 采煤机截割部的结构

适应装煤的需要，采煤机左、右两个截割滚筒的旋转方向相反，螺旋叶片的螺旋方向也相反。

由于采煤工作面煤层分布不平整，为了避免滚筒截割矸石，同时提高回采率，必须保证采煤机左、右摇臂的升降范围符合不同煤层高度的要求，以使其滚筒的截割高度保持在合理的采高范围内。采煤机的采高范围取决于截割滚筒的直径、摇臂长度、机身高度、调高液压缸的行程、摇臂底部的托架半径，以及摇臂与机身的倾角等参数，通过调整调高液压缸的行程来控制采煤机的截割高度以适应煤层分布的变化情况。

2. 牵引部

采煤机牵引部布置在机身两侧，主要由左、右牵引电动机，减速箱和行走箱等部分组成，其结构如图 2-3 所示。根据采煤工艺要求，牵引部控制采煤机在行走销轨上往复运动，并根据运行要求对牵引电动机进行过载保护。其中，牵引电动机通过安装在牵引减速箱内的多级齿轮减速机构将动力传递给行走箱，通过行走箱内齿轮与安装在刮板输送机上的齿轨啮合，驱动采煤机沿工作面往复运行，从而完成煤层的截割过程。

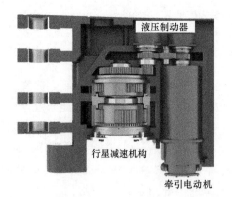

图 2-3 采煤机牵引部的结构

3. 电气系统

电气系统由电控箱和交流电动机组成，主要负责为采煤机的运行提供动力源，对采煤机截割电动机、牵引电动机电流进行检测，并提供恒功率自动控制及过载保护，同时可以实现瓦斯检测和超量报警、保护。变频器箱是电气系统的核心部分，是采煤机的控制中枢，主要包括变频器、机载控制器、各类传感器、输入输出继电器和人机交互界面（Human Machine Interaction，HMI）等。变频器接受来自机载控制器的信号，在不使用轴编码器和测速电动机反馈的情况下可完成对异步交流电动机转速和转矩的精确控制。机载控制器接受各种传感器信号和智能控制信号，经处理分析后，输出相应的信号控制采煤机执行相应动作。输入输出继电器用于控制机载控制器的信号接收和发送。HMI用于显示采煤机运行时的各种参数，起到人机交互的作用。

4. 液压系统

液压系统由液压泵、阀组、管路、连接件等组成，用于调节采煤机滚筒截割高度、破碎滚筒位置及机身防护板伸缩。在采煤机工作过程中，破碎滚筒和机身防护板在调定之后一般不需要再调整，而截割滚筒需要根据煤层起伏变化动态调整截割高度。采煤机液压系统的结构如图2-4所示。本书中所涉及的采煤机液压系统，如无特殊说明，都是指采煤机截割滚筒液压调高系统。

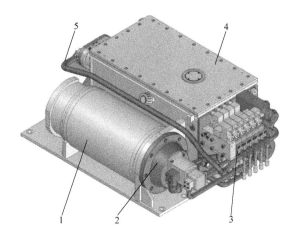

图 2-4 采煤机液压系统的结构

1—电动机 2—液压油泵 3—液压阀组 4—油箱 5—液压管路

5. 辅助装置

采煤机除有左、右截割部，牵引部和电气部分以外，还需要辅助装置的配合才能正常工作。采煤机的辅助装置主要有底托架、电缆水管拖移装置、冷却喷雾装置等。

底托架是采煤机的基座，与刮板输送机采用活动连接，是支撑采煤机整个机体的一个部件。因此，底托架兼有支撑采煤机并使采煤机沿刮板输送机滑动的功能。另外，底托架还用来固定滑靴、调高液压缸及喷雾冷却水管等。

电缆水管拖移装置的作用是改善靠近采煤机机身侧的电缆和水管受力情况，避免发生侧向弯曲和扭绞。采煤机在工作面中往返采煤时，其动力电缆和喷雾冷却用的降尘水管随采煤机一起同步移动。一般动力电缆和水管都从工作面运输巷道引入工作面，从工作面下端到工作面中点的这一段电缆和水管固定铺设在刮板输送机中部槽侧板电缆架中，而从工作面中点到采煤机之间的电缆和水管则安装在电缆水管拖移装置中，随采煤机的运行而移动。

冷却喷雾装置的主要作用是冷却电动机和牵引部，并利用高压水雾来降低采煤机在截割煤层和装煤过程中产生的大量煤尘，保护工人的健康，防止因煤尘浓度过高且在其他条件同时具备的前提下发生粉尘爆炸。另外，冷却喷雾系统还可以冷却采煤机发热量较大的关键部件，如截割电动机、牵引电动机、泵站电动机、牵引变频箱等。

2.2 采煤机的工作原理

随着我国煤矿工作面机械化程度的提高，综合机械化采煤（简称"综采"）已经在各中大型煤矿中逐渐使用。综采工作面的主要机电装备包括采煤机、刮板输送机和液压支架，三者的尺寸需要相互配合，工作时需要相互协调，因此俗称"三机配套"，如图2-5所示。

图2-5　综采工作面的"三机配套"

采煤机在正常工作时，其牵引部通过左、右行走轮与刮板输送机的销轨啮合以实现采煤机在综采工作面上往复运动，通过左、右调高液压缸伸缩调整滚筒的高度以适应煤层的波动。采煤机的左、右螺旋滚筒在截割过程中，前滚筒截割顶煤，后滚筒截割底煤，旋转的螺旋叶片将破落的煤装入刮板输送机中，由刮板输送机将煤运送到下顺槽的刮板输送机端部并卸入与之垂直的转载机上，并通过破碎机由桥式转载机将煤输送到带式输送机上，完成综采工作面的采煤、转运和输送工作。

本节以中部进刀法为例对移架推溜的相关动作做一简单介绍。中部进刀法的第一刀如图2-6a所示，采煤机位于机头位置，首先液压支架将工作面中部至机尾的刮板输送机推向煤层，而后采煤机升起右滚筒降下左滚筒，在空载情况下快速向工作面中部行进；中部进刀法的第二刀如图 2-6b 所示，采煤机保持右滚筒在上左滚筒在下的姿态，从工作面中部行进至上顺槽，此次为负载状态下的有效行程，采煤机对煤层进行切割，可以看出煤层的截面形状发生了变化；中部进刀法的第三刀如图 2-6c 所示，采煤机位于机尾位置，首先液压支架将机头至工作面中部的刮板输送机推向煤层，而后采煤机左滚筒升起右滚筒降下，在空载情况下快速向工作面中部行进；中部进刀法的第四刀如图 2-6d 所示，采煤机保持左滚筒在上右滚筒在下的姿态，从工作面中部行进至下顺槽，此次为负载状态下的有效行程，采煤机对煤层进行切割，切割后的煤层界面将与刮板输送机齐平。第四刀结束后采煤机、液压支架和刮板输送机均向朝煤层方向推进了一个截深，而后重复图 2-6a 所示第一刀的动作，如此反复不断地向煤层方向推进[3-4]。

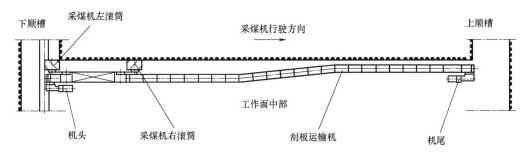

a) 中部进刀法的第一刀

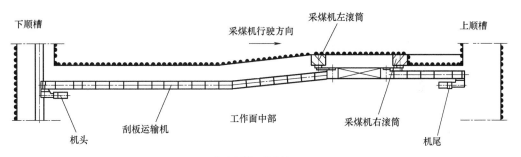

b) 中部进刀法的第二刀

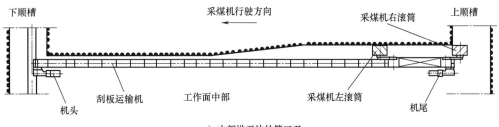

c) 中部进刀法的第三刀

图 2-6　采煤机中部进刀工艺循环过程

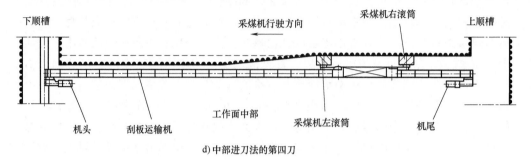

d) 中部进刀法的第四刀

图 2-6　采煤机中部进刀工艺循环过程（续）

2.3　采煤机调高与调速系统的工作原理

从上述采煤机的结构与功能中可以看出，对采煤机的控制主要是根据当前煤岩截割模式，实现采煤机截割高度与牵引速度的调控，使采煤机安全平稳运行。由于综采工作面工况恶劣，对于采煤机滚筒截割高度无法进行直接测量，目前一般根据机身倾角传感器实时测得的倾角数据，并结合调高机构相关尺寸计算出采煤机截割滚筒相对于机身的高度。采煤机液压调高回路如图 2-7 所示，从图中可知，截割滚筒升高、降低、保持分别是通过电磁换向阀中 YA1 得电、YA2 得电以及置中位来实现[5-7]。

为了能够精确计算出采煤机滚筒截割高度，液压调高机构可简化为曲柄四杆机构（见图 2-8）。图 2-8 中坐标系确定方法如下：面朝煤壁以向左且平行于采煤机机身方向为 x 轴正方向，垂直于 x 轴向上为 y 轴正方向。假设当前采煤机沿 x 轴正方向运动，则左摇臂在上右摇臂在下进行割煤，由左摇臂倾角传感器测得左摇臂与机身的夹角为 θ。根据采煤机结构，可知采煤机小摇臂长度为 l_1，大摇臂长度为 l_2，大、小摇臂之间的夹角为固定值 α，摇臂与机身铰接点 C 和液压缸与机身铰接点 A 之间的长度为 l_3，二者之间的连线与 y 轴正方向之间的夹角为 γ，液压缸与摇臂之间的铰接点为 B。

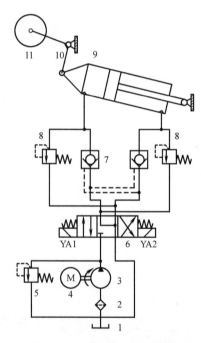

图 2-7　采煤机液压调高回路

1—油箱　2—滤油器　3—液压泵　4—电动机
5—溢流阀　6—电磁换向阀　7—双向液压锁
8—安全阀　9—调高液压缸　10—铰接连杆
11—截割滚筒

从图 2-8 中几何关系可知，AB 与 AC 之间的夹角 δ 为

$$\delta = \frac{\pi}{2} - \theta - \gamma \tag{2-1}$$

由余弦定理可知液压缸与油杆伸出部分总长度 l_{AB} 为

$$l_{AB} = l_3 \cos\delta \pm \sqrt{l_3^2(\cos^2\delta - 1) - l_1^2} \tag{2-2}$$

式（2-2）中正负号是由采煤机牵引方向确定，沿 x 轴正方向割煤左摇臂在上右摇臂在下，则取正号；沿 x 轴负方向割煤左摇臂在下右摇臂在上，则取负号。根据 l_{AB}、l_1 以及 l_3 长度可计算出夹角 β。小摇臂与 x 轴正方向之间的夹角 α_1 则为

$$\alpha_1 = \pi - \beta - \gamma \tag{2-3}$$

大摇臂与 x 轴正方向之间的夹角 α_2 为

$$\alpha_2 = \alpha - \alpha_1 \tag{2-4}$$

采煤机滚筒中心点 D 与机身 A 点之间的垂直高度定义为截割高度 H

$$H = l_3 \cos\gamma \pm l_2 \cos\alpha_2 \tag{2-5}$$

式（2-5）中正负号的确定方法与式（2-2）的确定方法一致。

右摇臂截割高度与左摇臂计算方法一致，不再赘述。一般来说，为了保证工作面底板的平整性，沿牵引方向在后方的摇臂（文中右摇臂）的截割高度一般不做调整，而沿牵引方向在前方的摇臂（文中左摇臂）的截割高度需要根据煤层分布情况进行实时调节[8-10]。

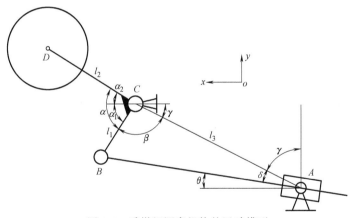

图 2-8　采煤机调高机构的运动模型

采煤机调速主要是通过采煤机机载 PLC（可编程逻辑控制器）发出控制指令至牵引部变频器，对采煤机进行加速、减速、停止控制。目前国内采煤机牵引速度调节范围可达 $0 \sim 25\,\mathrm{m/min}$，国外最高可达 $0 \sim 40\,\mathrm{m/min}$。根据变频器当前给定的频率值，结合牵引部机械传动比，便可确定采煤机当前牵引速度 v

$$v = \frac{60f}{n}\eta i \tag{2-6}$$

式中，f是牵引部变频器给定的频率值；n是牵引部电动机极对数；η是电动机转差率；i是牵引部机械传动比。

2.4 采煤机智能控制系统的总体架构

采煤机是一种工作在井下高湿度、高粉尘、低照度、强振动、易燃易爆等恶劣环境的大型设备，由于其工作特点，将采煤机智能控制系统在空间上分为机载和远程两部分。因此，为了更好地实现采煤机的智能控制，保障采煤机在井下恶劣环境中安全、稳定、高效的运行，本节设计了如图 2-9 所示的采煤机智能控制系统的总

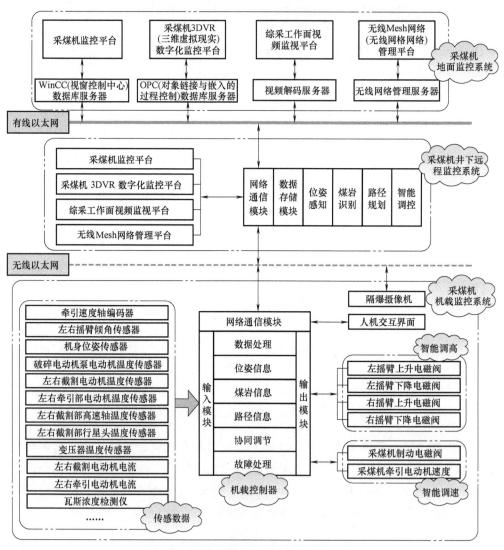

图 2-9 采煤机智能控制系统的总体架构

体结构。该系统按照分布结构可以分为三个层次：采煤机机载监控系统、井下远程监控系统和地面监控系统。其中，机载监控系统与井下集控中心控制器之间通过无线交换网络传输信号，井下集控中心通过光纤以太网与地面调度室设备相连。该结构集中描述了采煤机智能控制系统的分层构造、功能组成、数据流以及涉及的关键技术。

2.4.1　采煤机机载监控系统

采煤机机载监控系统主要包括机载控制器、各类传感器设备以及本安型无线交换机，用来负责采煤机各传感信息数据的采集、本地和远程控制指令的执行，以及设定的保护或闭锁功能。

1）机载控制器作为采煤机机载监控系统的核心，在功能上进行了模块化设计，主要包括输入模块、数据处理模块、位姿信息模块、煤岩信息模块、路径信息模块、智能控制模块、故障处理模块、网络通信模块和输出模块等。满足采煤机智能控制需求的一种采煤机机载 PLC 控制系统如

图 2-10　采煤机机载 PLC 控制系统

图 2-10 所示。考虑到系统的扩展性和稳定性，在硬件上采用 SIMATIC S7-300 系列 PLC。

2）为了实现采煤机机载监控系统的功能，在采煤机相应位置安装各种传感器，通过多传感融合组成了整个系统的传感系统，从而为采煤机的智能控制提供了实时数据。各传感器的采集对象及用途见表 2-1 所示。

表 2-1　各传感器的采集对象及用途

序号	传感器名称	采集对象	传感器用途
1	定位装置	采煤机机身	机身定位
2	姿态传感器	采煤机机身	机身定姿
3	倾角传感器	采煤机摇臂	滚筒定位
4	电流互感器	截割电动机	左、右截割电动机电流
5	电流互感器	牵引电动机	左、右牵引电动机电流
6	电流互感器	泵电动机	泵电动机电流
7	温度传感器	截割电动机	左、右截割电动机温度
8	温度传感器	牵引电动机	左、右牵引电动机温度
9	温度传感器	泵电动机	泵电动机温度

（续）

序号	传感器名称	采集对象	传感器用途
10	温度传感器	变压器	变压器温度
11	激光雷达传感器	截割煤壁	采集煤壁点云信息
12	红外热成像仪	截割滚筒	滚筒截割煤壁温度信息
13	振动和声音传感器	采煤机摇臂	滚筒截割传感信息

3）采煤工作面恶劣的工作条件以及对隔爆防水的要求使得铺设光纤的难度很大，因此为了保证"三机"设备的可靠运行以及信号的有效传输，研发团队研制了一套基于无线 Mesh 技术的矿用本安型无线交换机（见图 2-11），分别在采煤机机身和液压支架上布置安装该无线交换机，构建工作面无线交换网络，进而实现工作面与井下集控中心监控系统的可靠通信。无线 Mesh 网络是一种多跳网络，每一个交换机都可以自动进行自我网络配置，并确定最佳的多跳传输路径。当移动网络中任一交换机时，网络能够自动发现拓扑变化，并自动调整通信路由，以获取最有效的传输路径，从而实现了通信链路的多冗余性，提高了无线通信网络的可靠性。采煤机机载控制器与信号处理装置通过以太网接入采煤机机载无线 Mesh 交换机中，通过工作面无线 Mesh 网络实现数据传输。

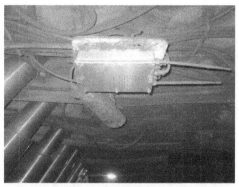

a) 采煤机机载无线交换机　　　　　　　　　b) 液压支架机载无线交换机

图 2-11　本安型无线 Mesh 交换机

2.4.2　采煤机井下远程监控系统

采煤机井下远程监控系统是连接采煤机机载监控系统与采煤机地面监控系统的中心枢纽，如图 2-12 所示。通过在煤矿井下综采工作面运输巷中设置顺槽集控中心，接收来自机载控制器的数据并进行处理、转存、下发到采煤机机载监控系统和上传至采煤机地面监控系统。

采煤机井下远程监控系统主要通过采煤机监控平台、采煤机三维虚拟现实

图 2-12　采煤机井下远程监控系统

（3D Virtual Reality，3DVR）数字化监控平台、综采工作面视频监视平台以及无线 Mesh 交换网络管理平台来实现数据的处理、传输。上述四种硬件平台均运行在井下集控中心的主控计算机上，采煤机监控平台通过 S7 协议读取集控中心 PLC 控制器的数据，操作人员可以轻松地掌握采煤机的运行状态。采煤机 3DVR 数字化监控平台通过 OPC 访问集控中心 PLC 控制器的采煤机实时运行参数，驱动虚拟环境中的采煤机三维模型做出与综采工作面实际采煤机一致的动作，从而真实再现采煤装备的工作情景（见图 2-13）。界面中央为综采工作面装备的虚拟现实模型，其位姿跟随综采工作面的实际装备运行而运动，且动作延迟<30ms；界面下方实时显示采煤机运行的重要工况参数；界面上侧为场景视角和界面主题选择菜单。比起传统的数字显示和二维图形显示，3DVR 具有很直观的视觉效果。

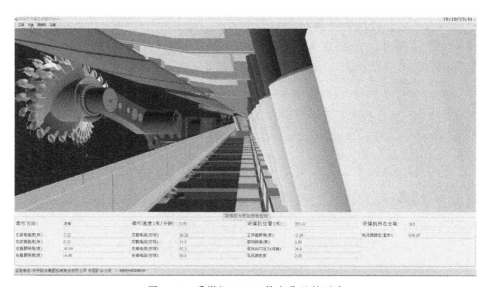

图 2-13　采煤机 3DVR 数字化监控平台

无线 Mesh 交换网络管理平台运行在井下集控中心的主控计算机上，实时显示综采工作面无线 Mesh 交换网络的动态运行情况，确保综采工作面设备的工况参数信号及视频信号的可靠传输。无线 Mesh 交换网络管理平台的界面如图 2-14 所示。

工作人员可以通过该平台对综采工作面每一个无线节点的联网状态进行实时远程监测和管理，并可以根据现场具体情况对各 Mesh 网络节点的本安型无线交换机参数进行远程设置，达到综采工作面无线 Mesh 交换网络的最优化。

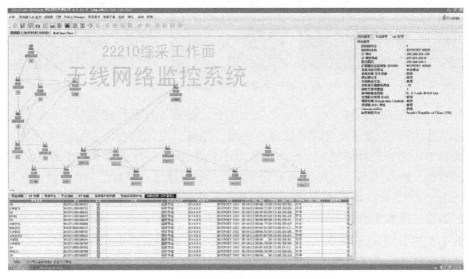

图 2-14　无线 Mesh 交换网络管理平台的界面

综采工作面视频监视平台是采煤机远程监控系统的辅助监测设备，接收井下隔爆摄像仪发送的监视画面并显示在井下集控中心的主控计算机上，其运行界面如图 2-15 所示。综采工作面视频监视平台默认选择视频跟机模式时，监控界面为一分四的视频矩阵（工作人员也可以根据需要选择 1 个、4 个、9 个、16 个或更多的

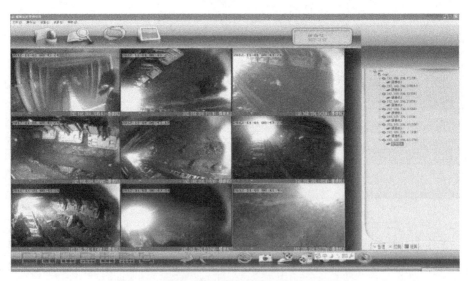

图 2-15　综采工作面视频监视平台的运行界面

视频矩阵），视频矩阵显示的监控画面可以实时跟踪采煤机的位置进行自动切换，准确、清晰地显示综采工作面的工况环境。

2.4.3 采煤机地面监控系统

采煤机地面监控系统是采煤机智能控制系统的数据存储终端、命令控制终端和状态检测终端。设置在地面监控中心的机柜内有多台工控机和一台服务器，通过工业以太网与井下集控中心进行通信，获取采煤机井下监控系统的数据信息。工控机分别为运行采煤机监控系统、综采工作面视频监控系统、采煤机 3DVR 数字化监控系统和无线 Mesh 交换网络管理系统的主机，一台服务器运行采煤机智能控制数据存储服务。

2.4.4 智能化采煤机的关键技术

采煤机在作业过程中，其智能控制过程实际是采煤机能够根据煤层地质条件变化自适应地调整滚筒截割高度和牵引速度，从而提高顶、底板的平整性及截割效率，保障煤炭安全、高效开采。该过程是集检测、视频、通信、控制、计算机等多种技术为一体的综合应用，涵盖的科学问题和技术难题较多。由于作者研究领域所限，本书所涉及的关键技术包括：①精确定位技术；②煤岩识别技术；③截割路径优化技术；④煤壁片帮识别技术。

参 考 文 献

[1] 刘峰. MG450/1100-WD 型薄煤层大功率采煤机研制 [J]. 煤矿机械，2022，43（2）：34-36.

[2] 王振乾，章立强，周常飞. 国内外电牵引采煤机对比研究及展望 [J]. 煤炭工程，2021，53（3）：171-178.

[3] 张波. 采煤机截割部行星机构疲劳寿命分析与预测 [D]. 阜新：辽宁工程技术大学，2020.

[4] 李刚. 采煤机 PLC 电控系统设计 [J]. 矿业装备，2021（6）：232-233.

[5] 刘睿卿. 基于深度学习的采煤机状态预测预警研究 [D]. 西安：西安科技大学，2021.

[6] 柴浩洛. 复杂条件下采煤机割煤路径规划研究 [D]. 太原：太原理工大学，2021.

[7] 孙博. 基于应变传感器的滚筒采煤机调速自动控制系统设计 [J]. 自动化与仪器仪表，2021（05）：168-171.

[8] 谢洋. 基于 LSTM 的煤层地质模型动态预测方法研究 [D]. 徐州：中国矿业大学，2021.

[9] 邹文才. 面向硬件在环的采煤机调高系统实时仿真模型研究 [D]. 徐州：中国矿业大学，2021.

[10] 尤秀松. 智能化综采工作面采煤机与支架协同控制技术研究 [D]. 北京：煤炭科学研究总院，2021.

第 3 章

采煤机惯性导航精确定位技术

3.1 采煤机惯性导航定位模型

3.1.1 坐标系定义及转换过程

采煤机惯性导航定位利用惯性传感器固连在采煤机机身上，通过惯性传感器的陀螺仪和加速度计分别测量采煤机的角速度和加速度信息，导航计算机根据这些测量信息解算出采煤机在导航坐标系中的位姿信息。基本坐标系定义如图 3-1 所示。

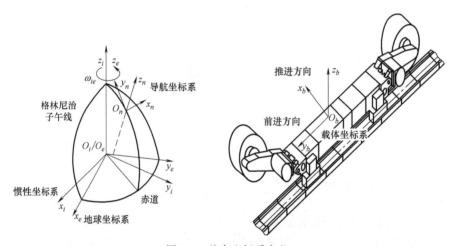

图 3-1　基本坐标系定义

1）惯性坐标系，用 i 表示。该坐标系是适用牛顿运动定律的参考坐标系，原点位于地球中心，坐标轴相对恒星无转动，x_i 轴落在地球赤道平面，z_i 轴的方向与地球极轴方向一致，y_i 轴方向构成右手正交坐标系。

2）地球坐标系，用 e 表示。固连在地球上，原点位于地球中心，也称为地心坐标系。x_e 轴指向格林尼治子午线和赤道的交点方向，z_e 轴和惯性坐标系一致，y_e 轴方向构成右手坐标系。

3）导航坐标系，用 n 表示。原点位于导航起始点处，本文设为采煤机运行的起始位置。x_n、y_n、z_n 分别指向东、北、天方向，也叫东北天坐标系。

4）计算导航坐标系，用 t 表示。通过计算获得的导航坐标系，和真实的导航坐标系存在一定的误差，该坐标系的定义是为了进行采煤机惯性导航定位的误差分析。

5）载体坐标系，用 b 表示。固连在采煤机上，原点位于其重心。采煤机初始位置的前进方向作为 y_b 轴的正方向，推进方向作为 x_b 轴的正方向，z_b 轴的正方向垂直于采煤机机身平面指向上。

采煤机的位姿信息是基于导航坐标系获取的，而采煤机的惯性导航系统感知采煤机的运动特性是在载体坐标系中，因此需要建立坐标系的变换矩阵。各坐标系可以通过绕三个方位轴旋转而得到，坐标系转换过程如图 3-2 所示。导航坐标系 $ox_ny_nz_n$ 绕 z_n 轴转动 φ 角度，获得坐标系 $ox_1y_1z_1$，之后坐标系 $ox_1y_1z_1$ 绕 x_1 轴转动 θ 角度，获得坐标系 $ox_2y_2z_2$，最后坐标系 $ox_2y_2z_2$ 绕 y_2 轴转动 γ 角度，获得了载体坐标系 $ox_by_bz_b$。

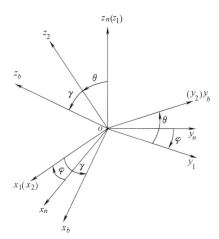

$$ox_ny_nz_n \xrightarrow[\text{转 }\varphi]{\text{绕 }x_n} ox_1y_1z_1 \xrightarrow[\text{转 }\theta]{\text{绕 }x_1} ox_2y_2z_2 \xrightarrow[\text{转 }\gamma]{\text{绕 }y_2} ox_by_bz_b$$

为了方便获取采煤机的位姿信息，定义 φ 角为航向角，θ 角为俯仰角，γ 角为横滚角，定义绕各轴变换获得的变换矩阵为姿态

图 3-2　坐标系转换过程

变换矩阵，根据上述坐标的旋转顺序，可获得三次单轴旋转的姿态变换矩阵。

1）转动 φ 角后得到姿态变换矩阵为

$$\boldsymbol{C}_1 = \begin{pmatrix} \cos\varphi & -\sin\varphi & 0 \\ \sin\varphi & \cos\varphi & 0 \\ 0 & 0 & 1 \end{pmatrix} \tag{3-1}$$

2）转动 θ 角后得到姿态变换矩阵为

$$\boldsymbol{C}_2 = \begin{pmatrix} 1 & 0 & 0 \\ 0 & \cos\theta & \sin\theta \\ 0 & -\sin\theta & \cos\theta \end{pmatrix} \tag{3-2}$$

3）转动 γ 角后得到姿态变换矩阵为

$$\boldsymbol{C}_3 = \begin{pmatrix} \cos\gamma & 0 & -\sin\gamma \\ 0 & 1 & 0 \\ \sin\gamma & 0 & \cos\gamma \end{pmatrix} \tag{3-3}$$

根据旋转矩阵的传递性，导航坐标系到载体坐标系的姿态变换矩阵可用式（3-1）~式（3-3）中的乘积表示，即 $\boldsymbol{C}_n^b = \boldsymbol{C}_3\boldsymbol{C}_2\boldsymbol{C}_1$，载体坐标系到导航坐标系的姿态变换矩阵可由其转置得到。

3.1.2　姿态变换矩阵实时解算算法

1. 四种姿态变换矩阵实时解算算法

为了获得采煤机实时准确的位姿信息，需要对惯性导航系统进行实时解算，进而需要实时更新姿态变换矩阵。姿态变换矩阵的实时解算对惯性导航系统的解算精度有很大的影响，其常用的实时求解算法主要有如下四种。

（1）欧拉角法　通常又可称为三参数法，只需求解三个欧拉角微分方程便可解算出实时的变换矩阵。根据坐标变换关系，则载体坐标系相对导航坐标系的角速度 $\boldsymbol{\omega}$ 表示为

$$\boldsymbol{\omega} = \dot{\boldsymbol{\varphi}} + \dot{\boldsymbol{\theta}} + \dot{\boldsymbol{\gamma}} \tag{3-4}$$

其中

$$\boldsymbol{\omega} = (\boldsymbol{\omega}_x \quad \boldsymbol{\omega}_y \quad \boldsymbol{\omega}_z)^{\mathrm{T}} \tag{3-5}$$

将式（3-4）展开成向量矩阵

$$\begin{pmatrix} \boldsymbol{\omega}_x \\ \boldsymbol{\omega}_y \\ \boldsymbol{\omega}_z \end{pmatrix} = \begin{pmatrix} -\sin\gamma\cos\theta & \cos\gamma & 0 \\ \sin\theta & 0 & 1 \\ \cos\gamma\cos\theta & \sin\gamma & 0 \end{pmatrix} \begin{pmatrix} \dot{\boldsymbol{\varphi}} \\ \dot{\boldsymbol{\theta}} \\ \dot{\boldsymbol{\gamma}} \end{pmatrix} \tag{3-6}$$

对式（3-6）进行求解可以得到欧拉角的三个微分方程

$$\dot{\boldsymbol{\theta}} = \boldsymbol{\omega}_x\cos\gamma + \boldsymbol{\omega}_z\sin\gamma$$

$$\dot{\boldsymbol{\gamma}} = \boldsymbol{\omega}_x\sin\gamma\tan\theta + \boldsymbol{\omega}_y - \boldsymbol{\omega}_z\cos\gamma\tan\theta \tag{3-7}$$

$$\dot{\boldsymbol{\varphi}} = \boldsymbol{\omega}_x\frac{\sin\gamma}{\cos\theta}\tan\theta - \boldsymbol{\omega}_z\frac{\cos\gamma}{\cos\theta}$$

根据式（3-7）即可求解出三个角度，进而可获得姿态变换矩阵 C_b^n。分析式（3-7）可知，虽然该方法微分方程数目较少，不用正交化解算，但会引入超越函数，反而增大了计算机的计算量和计算难度。并且当俯仰角等于90°时将会出现奇点，方程出现退化现象，因此该方法适用于平稳状态下的运动，不适用于复杂的运动状态。

（2）方向余弦法　通常又称为九参数法，其方向余弦矩阵包含了九个元素。方向余弦矩阵的微分方程可以表示为

$$\dot{C}_b^n = C_b^n\Omega \tag{3-8}$$

式中，Ω 是 $\boldsymbol{\omega}_n^b$ 向量构成的反对称矩阵。

则式（3-8）可以表示为

$$\begin{pmatrix} \dot{C}_{11} & \dot{C}_{12} & \dot{C}_{13} \\ \dot{C}_{21} & \dot{C}_{22} & \dot{C}_{23} \\ \dot{C}_{31} & \dot{C}_{32} & \dot{C}_{33} \end{pmatrix} = \begin{pmatrix} C_{11} & C_{12} & C_{13} \\ C_{21} & C_{22} & C_{23} \\ C_{31} & C_{32} & C_{33} \end{pmatrix} \begin{pmatrix} 0 & -\omega_z & \omega_y \\ \omega_z & 0 & -\omega_x \\ -\omega_y & \omega_x & 0 \end{pmatrix} \qquad (3\text{-}9)$$

可以看出，此方法需要求解九个微分方程才能获得采煤机的姿态变换矩阵，虽然没有退化现象，但是计算量增大，难以满足实时解算性能，实际应用很少。

（3）四元数法　基于刚体转动理论的四元数法是惯性导航系统最常用的姿态变换矩阵解算方法，因为只需求解四个微分方程，因此叫作四元数法。为了获得四元数的微分方程，定义一个四元数 Q 为

$$Q = q_0 + q_1 \mathrm{i}_b + q_2 \mathrm{j}_b + q_3 \mathrm{k}_b \qquad (3\text{-}10)$$

可以看出其含有一个实部和三个虚部，而 i_b、j_b、k_b 一一对应载体坐标系的基。因此四元数的微分方程可以表示为

$$\dot{Q} = \frac{1}{2} Q \omega \qquad (3\text{-}11)$$

其中，ω 又可以表示为

$$\omega = 0 + \omega_x \mathrm{i}_b + \omega_y \mathrm{j}_b + \omega_z \mathrm{k}_b \qquad (3\text{-}12)$$

则四元数的微分方程可以表示为矩阵形式

$$\begin{pmatrix} \dot{q}_0 \\ \dot{q}_1 \\ \dot{q}_2 \\ \dot{q}_3 \end{pmatrix} = \frac{1}{2} \begin{pmatrix} 0 & -\omega_x & -\omega_y & -\omega_z \\ \omega_x & 0 & \omega_z & -\omega_y \\ \omega_y & -\omega_z & 0 & \omega_x \\ \omega_z & -\omega_y & -\omega_x & 0 \end{pmatrix} \begin{pmatrix} q_0 \\ q_1 \\ q_2 \\ q_3 \end{pmatrix} \qquad (3\text{-}13)$$

式（3-13）即为四元数的微分方程，求解该式即可获得四元数的实时值。为了进一步求解姿态变换矩阵，根据四元数与方向余弦矩阵转换关系，则姿态变换矩 C_b^n 可用四元数的形式表示

$$C_b^n = \begin{pmatrix} q_0^2 + q_1^2 - q_2^2 - q_3^2 & 2(q_1 q_2 - q_0 q_3) & 2(q_1 q_3 + q_0 q_2) \\ 2(q_1 q_2 + q_0 q_3) & q_0^2 - q_1^2 + q_2^2 - q_3^2 & 2(q_2 q_3 - q_0 q_1) \\ 2(q_1 q_3 - q_0 q_2) & 2(q_2 q_3 + q_0 q_1) & q_0^2 - q_1^2 - q_2^2 + q_3^2 \end{pmatrix} \qquad (3\text{-}14)$$

根据式（3-13）和式（3-14）可以看出，四元数法的数值计算为算术运算，计算简单，实际运算量小于欧拉角法，实时求解速度远远高于前两种方法，且没有奇点和退化等现象。因此四元数法也是工程中最常用的方法，特别适合存在起伏和翻转等复杂工况的姿态解算。

（4）等效旋转矢量法　等效旋转矢量法同样基于刚体转动理论建立，因对系数进行了优化，减少了不可交换性误差。其微分方程可表示为

$$\dot{\boldsymbol{\phi}} = \boldsymbol{\omega} + \frac{1}{2}\boldsymbol{\phi} \times \boldsymbol{\omega} + \frac{1}{\phi^2}\left[1 - \frac{\phi\sin\phi}{2(1-\cos\phi)}\right]\boldsymbol{\phi} \times (\boldsymbol{\phi} \times \boldsymbol{\omega}) \tag{3-15}$$

式中，$\boldsymbol{\phi}$ 是刚体旋转矢量；$\boldsymbol{\omega}$ 是旋转角速度，为了便于计算，工程上通常将其按泰勒级数展开并忽略其高次项得到的表达式为

$$\dot{\boldsymbol{\phi}} = \boldsymbol{\omega} + \frac{1}{2}\boldsymbol{\phi} \times \boldsymbol{\omega} + \frac{1}{12}\boldsymbol{\phi} \times (\boldsymbol{\phi} \times \boldsymbol{\omega}) \tag{3-16}$$

从式（3-16）可以看出，该方法虽然减少了不可交换性误差，但是计算量却大大增加，其实时性不如四元数法。

2. 姿态变换矩阵实时解算算法的选择

分析上述四种姿态变换矩阵的实时解算算法可以得到，欧拉角法虽然方程数目少，但是计算时含有复杂函数，且会出现奇点和退化现象。方向余弦法需要求解九个方程，计算量大，但是没有复杂函数以及奇点和退化现象。四元数法和等效旋转矢量法的基本原理一样，等效旋转矢量法虽然减少了不可交换性误差，但是同时引入了计算量，实时性比四元数法差，对于惯性导航系统来说，需要较高的更新频率，四元数法更合适。四元数法计算量在四种算法中最小，且没有奇点和退化现象，实时性最高，常用于各种复杂的工况中，在工程上应用最为广泛，因此本节选用四元数法进行采煤机姿态变换矩阵的实时解算。

3.1.3 采煤机惯性导航定位微分方程

1. 姿态微分方程

导航坐标系下的姿态变换矩阵微分方程为

$$\dot{\boldsymbol{C}}_b^n = \boldsymbol{C}_b^n\boldsymbol{\Omega}_{nb}^b \tag{3-17}$$

式中，$\boldsymbol{\Omega}_{nb}^b$ 是 $\boldsymbol{\omega}_{nb}^b$ 向量构成的反对称矩阵，$\boldsymbol{\omega}_{nb}^b$ 是载体坐标系相对于导航坐标系的角速度值在载体坐标系的投影分量，可以表示为

$$\boldsymbol{\omega}_{nb}^b = \boldsymbol{\omega}_{ib}^b - \boldsymbol{C}_n^b(\boldsymbol{\omega}_{ie}^n + \boldsymbol{\omega}_{en}^n) \tag{3-18}$$

若

$$\boldsymbol{\omega}_{nb}^b = \begin{pmatrix} \boldsymbol{\omega}_{nbx}^b & \boldsymbol{\omega}_{nby}^b & \boldsymbol{\omega}_{nbz}^b \end{pmatrix}^{\mathrm{T}} \tag{3-19}$$

则 $\boldsymbol{\Omega}_{nb}^b$ 的表达式为

$$\boldsymbol{\Omega}_{nb}^b = \begin{pmatrix} 0 & -\boldsymbol{\omega}_{nbz}^b & \boldsymbol{\omega}_{nby}^b \\ \boldsymbol{\omega}_{nbz}^b & 0 & -\boldsymbol{\omega}_{nbx}^b \\ -\boldsymbol{\omega}_{nby}^b & \boldsymbol{\omega}_{nbx}^b & 0 \end{pmatrix} \tag{3-20}$$

式中，$\boldsymbol{\omega}_{ib}^b$ 是陀螺仪输出值；$\boldsymbol{\omega}_{ie}^n$ 是导航坐标系下地球坐标系相对于惯性坐标系的转动；$\boldsymbol{\omega}_{en}^n$ 是导航坐标系下的导航坐标系相对于地球坐标系的角速度；$\boldsymbol{C}_n^b$ 是导航坐标系到载体坐标系的姿态变换矩阵，$\boldsymbol{\omega}_{ie}^n$、$\boldsymbol{\omega}_{en}^n$、$\boldsymbol{C}_n^b$ 均可通过已知条件求出。根

据向量及其反对称矩阵的相似变换原则可以得到

$$\boldsymbol{\Omega}_{nb}^{b} = \boldsymbol{\Omega}_{ib}^{b} - \boldsymbol{C}_{n}^{b}\boldsymbol{\Omega}_{in}^{n}\boldsymbol{C}_{b}^{n}\boldsymbol{\Omega}_{in}^{b} \qquad (3\text{-}21)$$

将式（3-21）代入式（3-17），得到姿态矩阵微分方程

$$\dot{\boldsymbol{C}}_{b}^{n} = \boldsymbol{C}_{b}^{n}\boldsymbol{\Omega}_{ib}^{b} - \boldsymbol{\Omega}_{in}^{n}\boldsymbol{C}_{b}^{n} \qquad (3\text{-}22)$$

2. 速度微分方程

定义采煤机位置向量为 $\boldsymbol{r}$，其在惯性坐标系下的速度可以表示为

$$\frac{\mathrm{d}\boldsymbol{r}}{\mathrm{d}t}\bigg|_{i} = \frac{\mathrm{d}\boldsymbol{r}}{\mathrm{d}t}\bigg|_{e} + \boldsymbol{\omega}_{ie} \times \boldsymbol{r}_{i} \qquad (3\text{-}23)$$

式中，$\dfrac{\mathrm{d}\boldsymbol{r}}{\mathrm{d}t}$ 是采煤机的地速，令 $\dfrac{\mathrm{d}\boldsymbol{r}}{\mathrm{d}t}\bigg|_{e} = \boldsymbol{v}$。对式（3-23）进行求导，可得惯性加速度 $\dfrac{\mathrm{d}^{2}\boldsymbol{r}}{\mathrm{d}t^{2}}$ 为

$$\frac{\mathrm{d}^{2}\boldsymbol{r}}{\mathrm{d}t^{2}}\bigg|_{i} = \frac{\mathrm{d}\boldsymbol{v}}{\mathrm{d}t}\bigg|_{i} + \frac{\mathrm{d}}{\mathrm{d}t}(\boldsymbol{\omega}_{ie} \times \boldsymbol{r}_{i})\bigg|_{i} \qquad (3\text{-}24)$$

假定地球旋转角速度是常值，则 $\dfrac{\mathrm{d}\boldsymbol{\omega}_{ie}}{\mathrm{d}t} = 0$，可得如下表达式

$$\frac{\mathrm{d}^{2}\boldsymbol{r}}{\mathrm{d}t^{2}}\bigg|_{i} = \frac{\mathrm{d}\boldsymbol{v}}{\mathrm{d}t}\bigg|_{i} + \boldsymbol{\omega}_{ie} \times \boldsymbol{v} + \boldsymbol{\omega}_{ie} \times (\boldsymbol{\omega}_{ie} \times \boldsymbol{r}) \qquad (3\text{-}25)$$

由于在惯性导航系统中，安装在采煤机的加速度计测量的是惯性加速度与地球引力加速度（下文用 $\boldsymbol{g}_{1}$ 表示）的矢量差，称其为比力加速度，用 $\boldsymbol{f}$ 表示。因此惯性加速度可以表示为比力加速度 $\boldsymbol{f}$ 与地球引力加速度 $\boldsymbol{g}_{1}$ 的和，将其代入式（3-25）可得

$$\frac{\mathrm{d}\boldsymbol{v}}{\mathrm{d}t}\bigg|_{i} = \boldsymbol{f} - \boldsymbol{\omega}_{ie} \times \boldsymbol{v} - \boldsymbol{\omega}_{ie} \times (\boldsymbol{\omega}_{ie} \times \boldsymbol{r}) + \boldsymbol{g}_{1} \qquad (3\text{-}26)$$

其中，地球引力加速度 $\boldsymbol{g}_{1}$ 和向心加速度 $\boldsymbol{\omega}_{ie} \times (\boldsymbol{\omega}_{ie} \times \boldsymbol{r})$ 的矢量和为重力加速度，用 $\boldsymbol{g}$ 表示，则式（3-26）可以表示为

$$\frac{\mathrm{d}\boldsymbol{v}}{\mathrm{d}t}\bigg|_{i} = \boldsymbol{f} - \boldsymbol{\omega}_{ie} \times \boldsymbol{v} + \boldsymbol{g} \qquad (3\text{-}27)$$

采煤机地速 $\boldsymbol{v}$ 相对 n 系的变化率可以表示为

$$\frac{\mathrm{d}\boldsymbol{v}}{\mathrm{d}t}\bigg|_{n} = \frac{\mathrm{d}\boldsymbol{v}}{\mathrm{d}t}\bigg|_{i} - (\boldsymbol{\omega}_{ie} + \boldsymbol{\omega}_{en}) \times \boldsymbol{v} \qquad (3\text{-}28)$$

将式（3-27）代入式（3-28）并表示在导航坐标系下，即可得到采煤机在导航坐标系下的速度微分方程

$$\dot{\boldsymbol{v}}^{n} = \boldsymbol{f}^{n} - (2\boldsymbol{\omega}_{ie}^{n} + \boldsymbol{\omega}_{en}^{n}) \times \boldsymbol{v}^{n} + \boldsymbol{g}^{n} \qquad (3\text{-}29)$$

其中，$\boldsymbol{f}^{n}$ 是导航坐标系中的比力加速度，分解到导航坐标系中可得

$$\boldsymbol{f}^{n} = (f_{E} \quad f_{N} \quad f_{U})^{\mathrm{T}} \qquad (3\text{-}30)$$

$\boldsymbol{v}^n$ 即是导航坐标系下的速度值,其分量形式为

$$\boldsymbol{v}^n = (\begin{matrix} v_E & v_N & v_U \end{matrix})^{\mathrm{T}} \tag{3-31}$$

$\boldsymbol{\omega}_{ie}^n$ 是导航坐标系中地球自转角速度,其分量形式可以表示为

$$\boldsymbol{\omega}_{ie}^n = (\begin{matrix} 0 & \omega_{ie}\cos L & \omega_{ie}\sin L \end{matrix})^{\mathrm{T}} \tag{3-32}$$

式中,L 是导航坐标系所在地的纬度。

$\boldsymbol{\omega}_{en}^n$ 是导航坐标系相对地球坐标系的转动角速度在导航坐标系下的投影,可以表示为

$$\boldsymbol{\omega}_{en}^n = (\begin{matrix} -\dot{L} & \dot{l}\cos L & \dot{l}\sin L \end{matrix})^{\mathrm{T}} \tag{3-33}$$

式中,$\dot{L}$ 是导航坐标系所在地的纬度变化率;$\dot{l}$ 是导航坐标系所在地的经度变化率。

$\boldsymbol{g}^n$ 为当地重力加速度矢量,在导航坐标系中可分解为

$$\boldsymbol{g}^n = (\begin{matrix} 0 & 0 & \boldsymbol{g} \end{matrix})^{\mathrm{T}} \tag{3-34}$$

3. 位置微分方程

经度 l 和纬度 L 的微分方程可表示为

$$\dot{l} = v_E / [(R_N+h)\cos L]$$

$$\dot{L} = v_N / (R_M+h) \tag{3-35}$$

其中,R_M 和 R_N 分别为子午圈和卯酉圈曲率半径

$$R_M = R_e(1-2e+3e\sin^2 L)$$

$$R_N = R_e(1+e\sin^2 L) \tag{3-36}$$

式中,e 是地球曲率;R_e 是地球长半径;L 是纬度。

东、北、天三个方向的位置微分方程可以表示为

$$\dot{d}_E = v_E$$

$$\dot{d}_N = v_N$$

$$\dot{d}_U = v_U \tag{3-37}$$

式中,d_E、d_N、d_U 分别是采煤机在东、北、天三个方向上的位移。采煤机进行惯性导航定位时,惯性传感器被固连在采煤机机身上,通过三轴的加速度计和陀螺仪实时采集加速度和角速度的值,通过导航计算机对采煤机惯性导航定位微分方程进行积分求解,可实时更新采煤机的位姿参数。

3.2 采煤机惯性导航定位方案

采煤机惯性导航定位的误差主要包括导航系统的初始对准误差和惯性传感器的漂移误差。采煤机获取位姿时需要对惯性传感器获得的角速度和加速度信息进行积分,因此需要知道积分的准确初始条件。由于导航计算机获取的计算导航坐标系和

真实的导航坐标系存在一定的误差，导致导航计算机不能获取准确的初始条件，产生了一定的初始对准误差，经过积分后产生累积误差。采煤机在运行过程中，由于底板曲线变化以及割煤过程中受力变化等因素会导致固连在采煤机机身上的惯性传感器产生振动，从而导致惯性传感器获得的加速度和角速度信息发生突变，造成惯性传感器发生漂移误差，且经过积分后同样会产生累积误差。

　　针对以上两类误差，提出一种采煤机惯性导航定位方案。该方案主要采用四个惯性传感器构成差分布置，进行数据同步接收，对每个惯性传感器采用果蝇优化卡尔曼滤波算法进行初始对准，利用差分式惯性传感组件进行数据融合，通过位姿差分解算算法对融合后的数据进行位姿解算，得到采煤机准确的位姿参数。本节利用基于果蝇优化卡尔曼滤波算法的初始对准方法减少采煤机定位时初始条件的误差，该对准方法通过改进的果蝇优化算法对卡尔曼滤波的过程噪声协方差进行优化，提高卡尔曼滤波的滤波性能，进而提高初始对准的精度。利用基于差分式传感组件的位姿差分解算方法减少惯性传感器的漂移误差，该方法通过对四路惯性传感器的数据进行差分融合，减少单个惯性传感器的漂移误差，然后通过位姿差分解算算法获取采煤机准确的位姿信息。图 3-3 所示为课题组提出的采煤机惯性导航定位方案。

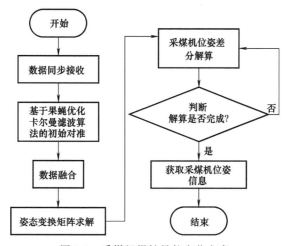

图 3-3　采煤机惯性导航定位方案

3.3　采煤机惯性导航定位误差模型

　　在实际应用中，由于初始对准误差的影响，采煤机惯性导航定位获取的位姿信息会随时间推移而产生累积误差。为了提高初始对准精度，本节建立了采煤机惯性导航定位的误差模型，并在后续章节提出一种基于果蝇优化卡尔曼滤波算法的采煤机惯性导航定位初始对准方法，为提高采煤机惯性导航定位精度奠定基础。

3.3.1　姿态误差模型

由于导航计算机获取的计算导航坐标系 n 和真实导航坐标系 t 之间存在一定的误差角，该误差即为姿态误差。定义载体坐标系 b 到计算导航坐标系 t 的姿态变换矩阵为 C_b^t，导航坐标系到计算导航坐标系的姿态变换矩阵为 C_n^t，则 C_b^t 可以表示为

$$C_b^t = C_n^t C_b^n \tag{3-38}$$

记导航坐标系 n 到计算导航坐标系 t 的旋转向量为 $\boldsymbol{\phi}$，即为姿态误差向量，则导航坐标系到计算导航坐标系的姿态变换矩阵 C_n^t 的表达式为：

$$C_n^t = I - \frac{\sin\boldsymbol{\phi}}{\boldsymbol{\phi}}(\boldsymbol{\phi}\times) + \frac{1-\cos\boldsymbol{\phi}}{\boldsymbol{\phi}^2}(\boldsymbol{\phi}\times)^2 \tag{3-39}$$

式中，$(\boldsymbol{\phi}\times)$ 为向量 $\boldsymbol{\phi} = (\phi_E \quad \phi_N \quad \phi_U)$ 的反对称矩阵，ϕ_E、ϕ_N、ϕ_U 表示导航坐标系到计算导航坐标系的三个误差角，即为本节所求的姿态误差角。

工程应用中，为了方便计算通常可略去高阶项，则可表示为

$$C_n^t \approx I - (\boldsymbol{\phi}\times) \tag{3-40}$$

将式（3-40）代入式（3-38）得到

$$C_b^t \approx (I - (\boldsymbol{\phi}\times))C_b^n \tag{3-41}$$

则有

$$(\boldsymbol{\phi}\times) \approx I - C_b^t (C_b^n)^T \tag{3-42}$$

对等式两边求导则有

$$\frac{\mathrm{d}(\boldsymbol{\phi}\times)}{\mathrm{d}t} = -\dot{C}_b^t (C_b^n)^T - C_b^t (\dot{C}_b^n)^T \tag{3-43}$$

由式（3-22），计算姿态矩阵微分方程可表示为

$$\dot{C}_b^t = C_b^t \widetilde{\Omega}_{ib}^b - \widetilde{\Omega}_{in}^n C_b^t \tag{3-44}$$

规定 "~" 表示计算值。

将式（3-22）、式（3-44）代入式（3-43），结合式（3-41）可得

$$\frac{\mathrm{d}(\boldsymbol{\phi}\times)}{\mathrm{d}t} = -(I-(\boldsymbol{\phi}\times))C_b^n(\widetilde{\Omega}_{ib}^b - \Omega_{ib}^b)C_n^b + \widetilde{\Omega}_{in}^n(I-(\boldsymbol{\phi}\times)) - (I-(\boldsymbol{\phi}\times))\Omega_{in}^n \tag{3-45}$$

令 $\widetilde{\Omega}_{ib}^b - \Omega_{ib}^b = \Delta\Omega_{ib}^b$，$\widetilde{\Omega}_{in}^n - \Omega_{in}^n = \Delta\Omega_{in}^n$，并忽略误差乘积项，可以得到

$$\frac{\mathrm{d}(\boldsymbol{\phi}\times)}{\mathrm{d}t} \approx -(\boldsymbol{\phi}\times)\Omega_{in}^n - \Omega_{in}^n(\boldsymbol{\phi}\times) + \Delta\Omega_{in}^n - C_b^n \Delta\Omega_{ib}^b C_n^b \tag{3-46}$$

写成向量的微分形式有

$$\dot{\boldsymbol{\phi}} \approx -\boldsymbol{\omega}_{in}^n \times \boldsymbol{\phi} + \Delta\boldsymbol{\omega}_{in}^n - \Delta\boldsymbol{\omega}_{ib}^n \tag{3-47}$$

式（3-47）中，$\Delta\boldsymbol{\omega}_{ib}^n$ 表示导航坐标系下的陀螺输出误差，记为陀螺漂移 $\boldsymbol{\varepsilon}_w$

$$\Delta\boldsymbol{\omega}_{ib}^n = \boldsymbol{\varepsilon}_w \tag{3-48}$$

在导航坐标系中，结合式（3-42），则地球角速度表示为

$$\boldsymbol{\omega}_{ie}^n = (0 \quad \boldsymbol{\omega}_{ie}\cos L \quad \boldsymbol{\omega}_{ie}\sin L)^T \tag{3-49}$$

结合式（3-33）、式（3-35）和式（3-36），导航坐标系 n 系相对地球坐标系 e 系的角速度在导航坐标系中可表示为

$$\boldsymbol{\omega}_{en}^n = \left(-\frac{v_N}{R_M+h} \quad \frac{v_E}{R_N+h} \quad \frac{v_E\tan L}{R_N+h}\right)^T \tag{3-50}$$

若纬度误差为 ΔL，导航坐标系中计算的地球角速度误差可以表示为

$$\Delta\boldsymbol{\omega}_{ie}^n = (0 \quad -\Delta L\boldsymbol{\omega}_{ie}\sin L \quad \Delta L\boldsymbol{\omega}_{ie}\cos L)^T \tag{3-51}$$

计算的导航坐标系相对地球坐标系的角速度误差为

$$\Delta\boldsymbol{\omega}_{en}^n = \left(-\frac{\Delta v_N}{R_M+h} \quad \frac{\Delta v_E}{R_N+h} \quad \frac{\Delta v_E\tan L}{R_N+h}+\frac{v_E\sec^2 L}{R_N+h}\Delta L\right)^T \tag{3-52}$$

将式（3-47）展开可得采煤机惯性导航系统的姿态误差方程

$$\dot{\phi}_E = \frac{\Delta v_N}{R_M+h}+\left(\omega_{ie}\sin L+\frac{v_E\tan L}{R_N+h}\right)\phi_N-\left(\omega_{ie}\cos L+\frac{v_E}{R_N+h}\right)\phi_U-\varepsilon_{wE}$$

$$\dot{\phi}_N = -\Delta L\omega_{ie}\sin L+\frac{\Delta v_E}{R_N+h}-\left(\omega_{ie}\sin L+\frac{v_E\tan L}{R_N+h}\right)\phi_E-\frac{v_N}{R_M+h}\phi_U-\varepsilon_{wN}$$

$$\dot{\phi}_U = -\Delta L\left(\omega_{ie}\cos L+\frac{v_E\sec^2 L}{R_N+h}\right)+\frac{\Delta v_E\tan L}{R_N+h}+\left(\omega_{ie}\cos L+\frac{v_E}{R_N+h}\right)\phi_E+\frac{v_N}{R_M+h}\phi_N-\varepsilon_{wU}$$

$$\tag{3-53}$$

3.3.2 速度误差模型

根据式（3-39）可知导航计算机计算获得的速度微分方程为

$$\widetilde{\dot{\boldsymbol{v}}}^n = \widetilde{\boldsymbol{f}}^n-(2\widetilde{\boldsymbol{\omega}}_{ie}^n+\widetilde{\boldsymbol{\omega}}_{en}^n)\times\widetilde{\boldsymbol{v}}^n+\widetilde{\boldsymbol{g}}^n \tag{3-54}$$

则速度误差方程可表示为

$$\Delta\dot{\boldsymbol{v}}^n = \widetilde{\dot{\boldsymbol{v}}}^n-\dot{\boldsymbol{v}}^n \tag{3-55}$$

令 $\widetilde{\boldsymbol{v}}^n-\boldsymbol{v}^n=\Delta\boldsymbol{v}^n$，$\widetilde{\boldsymbol{\omega}}_{ie}^n-\boldsymbol{\omega}_{ie}^n=\Delta\boldsymbol{\omega}_{ie}^n$，$\widetilde{\boldsymbol{\omega}}_{en}^n-\boldsymbol{\omega}_{en}^n=\Delta\boldsymbol{\omega}_{en}^n$，$\widetilde{\boldsymbol{g}}^n-\boldsymbol{g}^n=\Delta\boldsymbol{g}^n$，忽略误差乘积项，则式（3-55）可表示为

$$\Delta\dot{\boldsymbol{v}}^n = \widetilde{\boldsymbol{f}}^n-\boldsymbol{f}^n+(2\boldsymbol{\omega}_{ie}^n+\boldsymbol{\omega}_{en}^n)\times\Delta\boldsymbol{v}^n-(2\Delta\boldsymbol{\omega}_{ie}^n+\Delta\boldsymbol{\omega}_{en}^n)\times\boldsymbol{v}^n-\Delta\boldsymbol{g}^n \tag{3-56}$$

导航坐标系到计算导航坐标系的姿态变换矩阵 $\boldsymbol{C}_n^t$ 可表示为

$$\boldsymbol{C}_n^t = (\boldsymbol{I}-(\boldsymbol{\phi}\times)) = \begin{bmatrix} 1 & \phi_U & -\phi_N \\ -\phi_U & 1 & \phi_E \\ \phi_N & -\phi_E & 1 \end{bmatrix} \tag{3-57}$$

假设加速度计的输出误差零位偏移为 $\boldsymbol{\varepsilon}_a$，则有

$$\widetilde{\boldsymbol{f}}^n = \boldsymbol{C}_n^t\boldsymbol{f}^n+\boldsymbol{\varepsilon}_a \tag{3-58}$$

又因为 g^n 为当地重力矢量，因此 $\Delta g^n = 0$。综合上述推导，可得采煤机惯性导航系统的速度误差方程

$$\Delta \dot{v}_E = \frac{v_N}{R_N + h}\tan L \Delta v_E + \left(2\omega_{ie}\sin L + \frac{v_E \tan L}{R_N + h}\right)\Delta v_N + \left(2\omega_{ie}\cos L v_N + \frac{v_E \cdot v_N}{R_N + h}\sec^2 L\right)\Delta L + \phi_U f_N - \phi_N f_U + \varepsilon_{aE}$$

$$\Delta \dot{v}_N = -\left(2\omega_{ie}\sin L + \frac{2v_E}{R_N + h}\tan L\right)\Delta v_E - \left(2\omega_{ie}\cos L v_E + \frac{v_E^2}{R_N + h}\sec^2 L\right)\Delta L - \phi_U f_E + \phi_E f_U + \varepsilon_{aN}$$

$$(3\text{-}59)$$

3.3.3 位置误差模型

采煤机惯性导航定位位置误差表达式为

$$\Delta L = L_t - L$$
$$\Delta l = l_t - l$$
$$d_E = d_{Et} - d_E$$
$$d_N = d_{Nt} - d_N$$
$$d_U = d_{Ut} - d_U \tag{3-60}$$

对式（3-60）求导并且结合经度和纬度的变化率公式，可以得到采煤机惯性导航系统的位置误差方程

$$\Delta \dot{L} = \dot{L}_t - \dot{L} = \frac{\Delta v_N}{R_M + h}$$

$$\Delta \dot{l} = \dot{l}_t - \dot{l} = \frac{\Delta v_E}{R_N + h}\sec L + \frac{v_E}{R_N + h}\tan L \sec L \Delta L$$

$$\Delta \dot{d}_E = \dot{d}_{Et} - \dot{d}_E = \Delta v_E$$

$$\Delta \dot{d}_N = \dot{d}_{Nt} - \dot{d}_N = \Delta v_N$$

$$\Delta \dot{d}_U = \dot{d}_{Ut} - \dot{d}_U = \Delta v_U \tag{3-61}$$

3.3.4 系统误差模型

采煤机的运动为低速运动，因此速度和地球半径倒数乘积的相关量可以忽略不计，可以得到采煤机惯性导航定位的系统误差方程

$$\dot{X}(t) = F \times X(t) + W(t) \tag{3-62}$$

式中，$X(t)$ 是采煤机的误差向量，表达式为

$$X(t) = (\Delta v_E \quad \Delta v_N \quad \phi_E \quad \phi_N \quad \phi_U \quad \Delta L \quad \Delta l)^{\mathrm{T}} \tag{3-63}$$

F 是系数矩阵，表达式为

$$F = \begin{pmatrix} 0 & 2\omega_{ie}\sin L & 0 & -f_U & f_N & 0 & 0 \\ -2\omega_{ie}\sin L & 0 & f_U & 0 & -f_E & 0 & 0 \\ 0 & -\dfrac{1}{R_M+h} & 0 & \omega_{ie}\sin L & -\omega_{ie}\cos L & 0 & 0 \\ \dfrac{1}{R_N+h} & 0 & -\omega_{ie}\sin L & 0 & 0 & -\omega_{ie}\sin L & 0 \\ \dfrac{\tan L}{R_N+h} & 0 & \omega_{ie}\cos L & 0 & 0 & \omega_{ie}\cos L & 0 \\ 0 & \dfrac{1}{R_M+h} & 0 & 0 & 0 & 0 & 0 \\ \dfrac{\sec L}{R_N+h} & 0 & 0 & 0 & 0 & 0 & 0 \end{pmatrix} \quad (3\text{-}64)$$

$W(t)$ 是惯性传感器的器件误差向量，表达式为

$$W(t) = \begin{pmatrix} \varepsilon_{aE} & \varepsilon_{aN} & -\varepsilon_{wE} & -\varepsilon_{wN} & -\varepsilon_{wU} & 0 & 0 \end{pmatrix}^{\mathrm{T}} \quad (3\text{-}65)$$

3.4　采煤机惯性导航定位的初始对准

由采煤机惯性导航定位微分方程可知，采煤机的位姿信息是经过多次积分获得的，积分运算需要知道准确的初始条件。采煤机惯性导航定位过程中，建立准确的姿态变换矩阵 C_b^n 非常关键，初始对准的目的就是获得姿态变换矩阵 C_b^n 的准确初始值。采煤机惯性导航定位的初始对准分为粗对准和精对准两步，本节提出一种果蝇优化卡尔曼滤波算法的初始对准方法对采煤机的初始姿态变换矩阵进行对准。

3.4.1　卡尔曼滤波算法

20 世纪 60 年代，卡尔曼提出了一种基于贝叶斯理论的卡尔曼滤波算法（Kalman Filter，简称 KF）[1,2]。卡尔曼滤波算法由于高效、简单等特点被广泛应用于导航、控制、图像处理和位置跟踪等领域[3]。卡尔曼滤波算法的基本原理是根据当前时刻的观测值不断修正前一时刻的最优估计值，从而得到当前时刻的最优估计值。卡尔曼滤波算法进行滤波时，通常需要对系统方程进行离散化。定义系统的离散状态方程和观测方程为

$$\begin{cases} X_k = O_{k,k-1}X_{k-1} + \Gamma_{k-1}W_{k-1} \\ Z_k = H_k X_k + V_k \end{cases} \quad (3\text{-}66)$$

式中，X 为状态量；O 为状态转移矩阵；Γ 为噪声驱动矩阵；W 为过程噪声；Z 为观测量，可以直接测量获得；H 为观测矩阵；V 为测量噪声；各变量下标表示此时刻的值。卡尔曼滤波算法的数学表达形式可用五个经典方程表示：

状态量预测

$$\hat{X}_{k/k-1} = O_{k,k-1} X_{k-1} \tag{3-67}$$

均方误差预测

$$\hat{P}_{k/k-1} = O_{k,k-1} P_{k-1} O_{k,k-1}^{\mathrm{T}} + \Gamma_{k-1} Q_{k-1} \Gamma_{k-1}^{\mathrm{T}} \tag{3-68}$$

滤波增益更新

$$K_k = \hat{P}_{k/k-1} H_k^{\mathrm{T}} (H_k \hat{P}_{k/k-1} H_k^{\mathrm{T}} + R_k)^{-1} \tag{3-69}$$

滤波估计更新

$$X_k = \hat{X}_{k/k-1} + K_k (Z_k - H_k \hat{X}_{k/k-1}) \tag{3-70}$$

均方误差更新

$$P_k = (I - H_k K_k) \hat{P}_{k/k-1} \tag{3-71}$$

式中，Q_{k-1} 和 R_k 分别是过程噪声 W_{k-1} 和测量噪声 V_k 的协方差，Q_{k-1} 对卡尔曼滤波性能有很大的影响，R_k 的选取取决于测量仪器，一般根据经验选择。

在进行卡尔曼滤波时，只需要知道初始的 X_0 和 P_0 即可推测出 k 时刻的最优估计值。

3.4.2　改进的果蝇优化算法

近年来智能算法被广泛应用于人工智能和深度学习等领域，比较经典的有遗传算法（GA）[4] 和粒子群优化算法（PSO）[5] 等。果蝇优化算法（FOA）是通过果蝇的觅食行为推演出的多目标优化算法。果蝇具有优秀的嗅觉和视觉，能够识别较远距离的食物气味，而以最短的路径飞至食物[6,7]。相比其他经典的智能算法，果蝇优化算法由于结构简单，收敛速度快等特点被应用于各个领域。随着广泛的关注，国内外学者发现果蝇优化算法同其他智能算法一样容易陷入局部最优，并且其种群多样性较少，缺少变异机制等。针对果蝇优化算法的搜索路径很难满足实际工程要求等问题，大量学者对果蝇优化算法的搜索路径进行了改进。

1. 原始的果蝇优化算法

步骤1：初始化果蝇优化算法的各参数。首先设置果蝇的种群大小 $sizepop$、最大迭代次数 $maxgen$、果蝇个体变量 i 等，随机初始化果蝇的初始位置范围 LR，式（3-72）为果蝇随机初始位置的数学表达式

$$\begin{cases} x\_axis = rand(LR) \\ y\_axis = rand(LR) \end{cases} \tag{3-72}$$

步骤2：赋予每个果蝇个体搜寻食物的随机方向和距离 FR，该过程的数学表达式为

$$\begin{cases} x(i) = x\_axis + rand(FR) \\ y(i) = y\_axis + rand(FR) \end{cases} \tag{3-73}$$

步骤3：计算果蝇当前位置和坐标原点的距离 $Disti$，利用其倒数作为味道浓度判定值 $S(i)$，这一过程的数学表达式为

$$Disti = \sqrt{x^2(i) + y^2(i)}$$
$$S(i) = 1/Disti \qquad\qquad (3\text{-}74)$$

步骤4：为了判断果蝇个体的好坏，定义一个味道浓度判断函数 $function$，将味道浓度判定值 $S(i)$ 代入该函数，获取该果蝇个体位置此刻的味道浓度值 $Smell(i)$；选用最小的味道浓度值和对应果蝇个体的位置分别赋给最优味道浓度 $bestsmell$ 和最优果蝇位置 $bestindex$，该过程的数学表达式为

$$Smell(i) = function(S(i))$$
$$(bestsmell, bestindex) = \min(Smell(i)) \qquad\qquad (3\text{-}75)$$

步骤5：将当前的最优味道浓度值和上一代最优味道浓度值进行比较，若当前最优浓度值比上一代好，则记录当前的最优味道浓度和最优位置，并使其他果蝇个体飞至该最优位置，该过程的数学表达式可表示为

$$smellbest = bestsmell$$
$$\begin{cases} x\_axis = x(bestindex) \\ y\_axis = y(bestindex) \end{cases} \qquad\qquad (3\text{-}76)$$

步骤6：重复步骤2至步骤5直到达到最大迭代次数 $maxgen$。

2. 改进的果蝇优化算法

原始果蝇优化算法的缺点包括：

1）在下一代个体蝇的产生过程中，每个果蝇个体的初始位置都是上一代中当前种群的最优位置。该方法中下一代果蝇个体初始位置仅取决于当前种群的最优位置，而与自身位置无关，这大大减少了种群的多样性，并且容易陷入局部最优。

2）在下一代的果蝇个体寻优过程中，果蝇个体的搜索范围是由随机飞行距离 FR 确定的。选择较大的随机步长 FR 可以更好地跳出局部最优值，但容易导致搜索速度过慢，而较小的 FR 则具有较快的收敛速度，但很容易陷入局部最优，因此原始的 FR 不能满足实际应用。

分析以上缺点，本节提出两点改进：

1）优化果蝇初始位置。当产生下一代群体时，若最优味道浓度值超过两代没有更新，则接受当前果蝇最优位置，反之则接受当前果蝇自身位置。

2）采用新的搜索路径。若最优味道浓度值超过两代没有更新，则采用路径1进行搜索，即利用t分布代替原始的均匀分布作为搜索步长；否则采用路径2进行搜索，即引入频率变量f，将当前果蝇位置和最优果蝇位置之间的差值乘以频率变量f作为搜索步长。

在第一点改进中，采用了不同的初始位置，增加了果蝇个体的多样性，有助于算法跳出局部最优。

在第二点改进中，对于路径1，当t分布的自由度较大时，该分布更接近于高斯分布（见图3-4）。本节以迭代次数为自由度，随着迭代次数的增加，该搜索路径前期搜索步长较大，后期搜索步长较小，因此具有较快的搜索速度和跳出局部最

优的能力；对于路径2，果蝇本身以当前位置和最优位置的直线距离的f倍向最优值移动，因此搜索速度更快，并且根据频率和波长成反比的特性，频率变量f用于控制飞行的距离。f不断变化以满足开放式的飞行距离，这对算法跳出局部最优具有很好的效果。

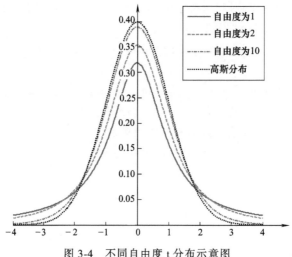

图 3-4 不同自由度 t 分布示意图

改进后的果蝇优化算法的基本过程：

步骤1：初始化果蝇优化算法的各参数。首先设置果蝇的种群大小 $sizepop$、最大迭代次数 $maxgen$、维度 d、频率变量 f_{min} 和 f_{max}、果蝇个体变量 i、迭代变量 m 等。

步骤2：当最优味道浓度值超过两代不更新时，以当前种群最优位置为起始点，采用t分布代替均匀分布作为搜索步长，其自由度选为迭代变量 m，该过程如式（3-77）所示

$$\begin{cases} x(i) = x\_axis + trnd(m,1,d) \\ y(i) = y\_axis + trnd(m,1,d) \end{cases} \quad (3-77)$$

否则，引入频率变量f，且以果蝇本身的位置为起点，该过程如式（3-78）所示

$$f(i) = f_{min} + (f_{min} - f_{max}) * rand$$
$$\begin{cases} x(i) = x(i-1) + (x(i-1) - x\_axis) * f(i) \\ y(i) = y(i-1) + (y(i-1) - y\_axis) * f(i) \end{cases} \quad (3-78)$$

步骤3至步骤6的过程同原始果蝇优化算法的步骤一致。

为了验证算法的有效性，对作者所在课题组的改进算法进行仿真分析，选取原始果蝇优化算法（FOA）[6]、用高斯分布作为果蝇搜索步长的果蝇优化算法（IF-OA）[8] 以及粒子群算法（PSO）[5] 与提出的改进果蝇优化算法进行对比。在此仿

真中，FOA、IFOA 算法的一些关键参数设置为：最大迭代次数 $maxgen=100$，种群大小 $sizepop=20$，位置范围 LR 为 $[-1,1]$。本节提出的改进果蝇优化算法中，频率变量 f_{min} 和 f_{max} 分别为 0 和 2，其他参数与 FOA 和 IFOA 算法相同。PSO 算法中，最大迭代次数 $maxgen=100$，种群大小 $sizepop=20$，两个加速度系数为 1.49，惯性权重系数为 0.65，种群范围为 $[-5,5]$，速度范围为 $[-1,1]$。本节所用仿真软件为 MATLAB，系统环境为 Windows7（x64）。

选取以下六个测试函数验证本书提出的算法的有效性，其中 Ackley 函数最优值为 0，Griewank 函数最优值为 0，Zettl 函数最优值为 -0.003791，Testtubeholder 函数最优值为 -10.8723，Helicalvalley 函数最优值为 0，Wood 函数最优值为 0，四种算法对六个测试函数的寻优过程对比如图 3-5 所示。

图 3-5 中横坐标为迭代次数，纵坐标为每个测试函数的味道浓度值。由图 3-5 可知在上述六个测试函数中，提出的改进果蝇优化算法寻优过程明显比其他几种算法更好。在 Testtubeholder 函数、Helicalvalley 函数和 Wood 函数方面，本节提出的算法优势最为明显，其搜索曲线几乎成直线下降，且不超过 10 代便达到最优值，明显优于其他三种算法。而在 Ackley 函数、Griewank 函数和 Zettl 函数方面，均不超过 20 代便可寻得最优值。从寻优路径来看，其搜索过程也是本节提出的算法最好。四种算法获得的六个测试函数的最优值见表 3-1。

表 3-1 四种算法获得的六个测试函数的最优值

名称	PSO	FOA	IFOA	本节提出的算法
Ackley	0.440788	0.049512	0.017546	7.11×10^{-15}
Griewank	0.001394	9.29×10^{-5}	2.43×10^{-5}	3.33×10^{-16}
Zettl	0.013575	0.002592	0.001333	3.07×10^{-11}
Testtubeholder	-10.843774	-10.700662	-10.766711	-10.872299
Helicalvalley	6.926416	0.739871	0.679324	0.389474
Wood	1.777238	0.852053	1.414687	1.61×10^{-4}

由表 3-1 可知本节提出的果蝇优化算法在六个测试函数方面获得的最优值都比其他算法更好，通过以上分析可以证明本节改进的果蝇优化算法在搜索过程和跳出局部最优的能力方面都有很好的效果。

3.4.3 基于果蝇优化卡尔曼滤波算法的初始对准

采煤机惯性导航定位时，惯性导航系统的初始对准精度直接影响采煤机的定位精度，现有的初始对准技术分为粗对准和精对准。粗对准只能获得粗略的初始姿态变换矩阵 C_b^n，不能满足实际需要，因此粗对准完成后需要采用精对准获得更加准确的姿态变换矩阵 C_b^n。在精对准过程中，通常采用卡尔曼滤波系列和神经网络等进行精对准，其中卡尔曼滤波系列由于对准时间快，对准精度高，因此被广泛应用

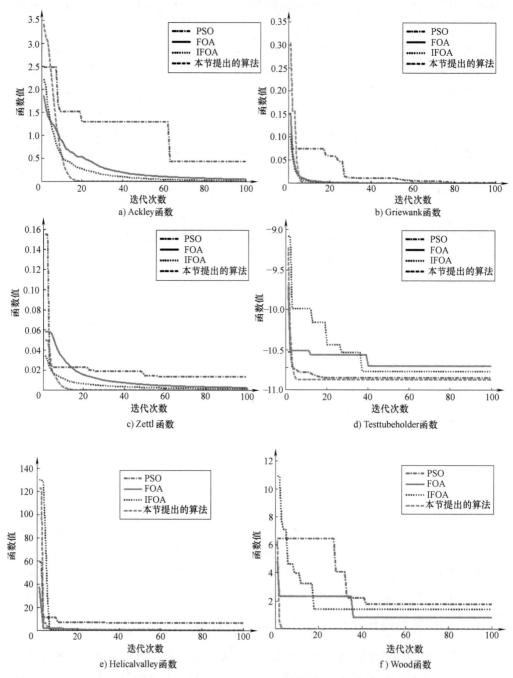

图 3-5 四种算法对六个测试函数的寻优过程对比

于惯性导航系统的初始对准。课题组提出一种基于果蝇优化卡尔曼滤波算法的初始对准方法，在该对准方法中利用粗对准获取初始的姿态变换矩阵 C_b^n，采用本节改进的果蝇优化算法优化卡尔曼滤波的过程噪声协方差 $\boldsymbol{Q}$，利用优化后的卡尔曼滤波算法进行初始对准，获得精度更好的姿态变换矩阵 $\boldsymbol{C}_b^n$。

1. 粗对准

在采用解析式的粗对准方法时，利用加速度计和陀螺仪对重力矢量和地球角速度的测量值粗略估算姿态变换矩阵 $\boldsymbol{C}_b^n$ 的值，为精对准提供初始条件。利用当地的经度 l 和纬度 L，可以将重力矢量和地球自转角速度分解到导航坐标系中

$$\boldsymbol{g}^n = (0 \quad 0 \quad -g)^{\mathrm{T}}$$
$$\boldsymbol{\omega}_{ie}^n = (0 \quad \omega_{ie}\cos L \quad \omega_{ie}\sin L)^{\mathrm{T}} \tag{3-79}$$

为了求解 $\boldsymbol{C}_b^n$ 的值，定义一个叉乘向量 $\boldsymbol{g} \times \boldsymbol{\omega}_{ie}$，根据坐标转换关系则有关系式

$$\begin{pmatrix} \boldsymbol{g}^b \\ \boldsymbol{\omega}_{ie}^b \\ (\boldsymbol{g} \times \boldsymbol{\omega}_{ie})^b \end{pmatrix} = \boldsymbol{C}_n^b \begin{pmatrix} \boldsymbol{g}^n \\ \boldsymbol{\omega}_{ie}^n \\ (\boldsymbol{g} \times \boldsymbol{\omega}_{ie})^n \end{pmatrix} \tag{3-80}$$

由于

$$\boldsymbol{C}_b^n = (\boldsymbol{C}_n^b)^{\mathrm{T}} \tag{3-81}$$

则粗对准的微分方程为

$$\boldsymbol{C}_b^n = \begin{pmatrix} (\boldsymbol{g}^n)^{\mathrm{T}} \\ (\boldsymbol{\omega}_{ie}^n)^{\mathrm{T}} \\ (\boldsymbol{g}^n \times \boldsymbol{\omega}_{ie}^n)^{\mathrm{T}} \end{pmatrix}^{-1} \begin{pmatrix} (\boldsymbol{g}^b)^{\mathrm{T}} \\ (\boldsymbol{\omega}_{ie}^b)^{\mathrm{T}} \\ (\boldsymbol{g}^b \times \boldsymbol{\omega}_{ie}^b)^{\mathrm{T}} \end{pmatrix} \tag{3-82}$$

上述微分方程中 $\boldsymbol{g}^b$、$\boldsymbol{\omega}_{ie}^b$ 可以直接测量获得，其他量可由式（3-79）和叉乘的定义计算获得，因此求解式（3-82），便可求得粗对准下的姿态变换矩阵 $\boldsymbol{C}_b^n$ 的值。

2. 精对准

由于陀螺仪和加速度计都存在误差，直接计算的姿态变换矩阵 $\boldsymbol{C}_b^n$ 不能满足工程需要的对准精度，因此进行完粗对准后，需要进行精对准。利用果蝇优化卡尔曼滤波算法对姿态变换矩阵 $\boldsymbol{C}_b^n$ 进行滤波精对准。为了进行卡尔曼滤波对准，将采煤机惯性导航定位的系统误差模型当作状态方程。由于采煤机在精对准时静止，比力 f_E、f_N 的值均为零，f_U 为 g，此时采煤机位置已知，因此忽略位置变化 ΔL 和 Δl 的相关量，并且由于地球半径较大而忽略地球倒数相关变量。精对准过程时间较短，陀螺漂移和加速度零偏可认为是一个常数，则有 $\dot{\varepsilon}_w = 0$ 和 $\dot{\varepsilon}_a = 0$，其变化量也可忽略不计。陀螺漂移和加速度零偏可以通过姿态变换矩阵转换到导航坐标系中

$$(\varepsilon_{aE} \quad \varepsilon_{aN} \quad \varepsilon_{aU})^{\mathrm{T}} = \boldsymbol{C}_b^n (\varepsilon_{ax} \quad \varepsilon_{ay} \quad \varepsilon_{az})^{\mathrm{T}}$$
$$(\varepsilon_{wE} \quad \varepsilon_{wN} \quad \varepsilon_{wU})^{\mathrm{T}} = \boldsymbol{C}_b^n (\varepsilon_{wx} \quad \varepsilon_{wy} \quad \varepsilon_{wz})^{\mathrm{T}} \tag{3-83}$$

采煤机惯性导航定位精对准的状态方程为

$$\dot{\boldsymbol{X}} = \boldsymbol{A}\boldsymbol{X} + \boldsymbol{W} \tag{3-84}$$

其中状态向量 X 的表达式为

$$X = (\Delta v_E \quad \Delta v_N \quad \phi_E \quad \phi_N \quad \phi_U \quad \varepsilon_{ax} \quad \varepsilon_{ay} \quad \varepsilon_{wx} \quad \varepsilon_{wy} \quad \varepsilon_{wz})^{\text{T}} \tag{3-85}$$

状态转移矩阵 A 可以表示为

$$A = \begin{pmatrix} F & T \\ 0_{5\times5} & 0_{5\times5} \end{pmatrix} \tag{3-86}$$

其中，F 可表示为

$$F = \begin{bmatrix} 0 & \omega_{ie}\sin L & 0 & -g & 0 \\ -\omega_{ie}\sin L & 0 & g & 0 & 0 \\ 0 & 0 & 0 & \omega_{ie}\sin L & -\omega_{ie}\cos L \\ 0 & 0 & -\omega_{ie}\sin L & 0 & 0 \\ 0 & 0 & \omega_{ie}\cos L & 0 & 0 \end{bmatrix} \tag{3-87}$$

T 可表示为

$$T = \begin{pmatrix} C_{11} & C_{12} & 0 & 0 & 0 \\ C_{21} & C_{22} & 0 & 0 & 0 \\ 0 & 0 & C_{11} & C_{12} & C_{13} \\ 0 & 0 & C_{21} & C_{22} & C_{23} \\ 0 & 0 & C_{31} & C_{32} & C_{33} \end{pmatrix} \tag{3-88}$$

式中，C_{ij} 是姿态矩阵中的元素。

过程噪声 W 的表达式为

$$W = (w_{\Delta v_E} \quad w_{\Delta v_N} \quad w_{\phi_E} \quad w_{\phi_N} \quad w_{\phi_U} \quad 0_{5\times1})^{\text{T}} \tag{3-89}$$

本节选取东向速度误差 Δv_E 和北向速度误差 Δv_N 作为观测量，则采煤机惯性导航定位精对准的观测方程为

$$Z = HX + V \tag{3-90}$$

式中，V 是系统观测噪声，由惯性测量装置决定；H 是观测矩阵，其表达式为

$$H = (I_2 \quad 0_{2\times8}) \tag{3-91}$$

上述过程确定了采煤机惯性导航定位精对准时的状态方程和观测方程，只需将其离散化即可进行精对准滤波，利用对准后的误差角便可修正姿态变换矩阵。

3. 果蝇优化卡尔曼滤波算法初始对准流程

为了利用本节提出的果蝇优化卡尔曼滤波算法进行初始对准，首先定义果蝇优化卡尔曼滤波算法的适应度函数为

$$function = E[(x_p - x_t) \times (x_p - x_t)^{\text{T}}] \tag{3-92}$$

式中，x_p 是预测值；x_t 是真实值；$function$ 是适应度函数值；$E[*]$ 表示求均值。

步骤 1：初始化果蝇优化算法的各参数。首先设置果蝇的种群大小 $sizepop$、最大迭代次数 $maxgen$、维度 d、频率变量 $f_{\min}$ 和 $f_{\max}$、果蝇个体变量 i、迭代变量 m、

初始的经度 l 和纬度 L、重力加速度 g、地球自转角速度 w_{ie} 等。

步骤 2：粗对准。根据已知量直接求解粗对准微分方程，可以得到粗对准下的姿态变换矩阵 C_b^n、航向角、俯仰角和横滚角的初始值。

步骤 3：随机初始化果蝇的初始位置范围 LR，赋予每个果蝇个体搜寻食物的随机方向和距离 FR。当最优味道浓度值超过两代不更新最优值时，采用式（3-77）进行搜索，否则，采用式（3-78）。估计离坐标原点的距离（$Disti$）和味道浓度判定值 $S(i)$，两者的计算公式如式（3-74）所示

步骤 4：将味道浓度判定值 $S(i)$ 作为卡尔曼滤波算法的系统噪声方差进行卡尔曼滤波 $Kalman\,(S(i))$，滤波过程如式（3-93）所示：

$$\hat{X}_{k/k-1}=O_{k,k-1}X_{k-1}$$
$$\hat{P}_{k/k-1}=O_{k,k-1}P_{k-1}O_{k,k-1}^{T}+\varGamma_{k-1}S(i)\varGamma_{k-1}^{T}$$
$$K_k=\hat{P}_{k/k-1}H_k^{T}(H_k\hat{P}_{k/k-1}H_k^{T}+R_k)^{-1}$$
$$X_k=\hat{X}_{k/k-1}+K_k(Z_k-H_k\hat{X}_{k/k-1})$$
$$P_k=(I-H_kK_k)\hat{P}_{k/k-1} \tag{3-93}$$

步骤 5：将真实值与预测值的均方误差作为适应度函数评价指标，找出最优味道浓度 $bestsmell$ 和最优果蝇个体位置 $bestindex$，该过程如式（3-94）所示

$$Smell(i)=MSE(Kalman(S(i)))$$
$$[bestsmell,bestindex]=\min(Smell(i)) \tag{3-94}$$

步骤 6：将当前的最优味道浓度值和上一代最优味道浓度值进行比较，若当前的最优味道浓度值比上一代好，则记录当前的最优味道浓度和最优位置，并使其他果蝇个体飞行该最优位置，该过程的数学表达式可表示为式（3-76），获取最优味道浓度下的状态向量 X 的值和最优味道浓度判定值，并将最优味道浓度判定值赋给最优的过程噪声方差 Q，该过程如式（3-95）所示

$$X\leftarrow\min(Smell(i))$$
$$Sbest=\sqrt{(x\_axis)^2+(y\_axis)^2}$$
$$Q=Sbest \tag{3-95}$$

步骤 7：重复步骤 3 至步骤 6 直到达到最大迭代次数 $maxgen$。

利用滤波后的状态向量 X 中的三个误差角可以修正采煤机的初始姿态角，根据修正后的姿态角，即可求出准确的姿态变换矩阵 C_b^n。根据姿态变换矩阵 C_b^n 的定义可知，误差角越小，姿态变换矩阵 C_b^n 的误差越小，为了直观地表现初始对准的效果，本节直接选用三个误差角的大小作为初始对准的评价标准。

4. 果蝇优化卡尔曼滤波算法的初始对准伪代码

Inputs：$sizepop$、$maxgen$、d、f_{min}、f_{max}、i、m、l、L、g、w_{ie}

Outputs：状态向量 X

% 初始化

设置果蝇优化卡曼滤波算法的参数：种群大小 $sizepop$、最大迭代次数 $maxgen$、维度 d、频率变量 $f_{\min}$ 和 $f_{\max}$、果蝇个体变量 i、迭代变量 m、初始的经度 l 和纬度 L、重力加速度 g、地球自转速度 w_{ie} 等。

%粗对准

解算粗对准微分方程，获得姿态变换矩阵 $\boldsymbol{C}_b^n$ 和航向角、俯仰角、横滚角的初始值。

% 获取当前种群最优味道浓度值

$fori = 1,\ 2,\ \cdots,\ sizepop$

$$\begin{cases} x(i) = x\_axis + rand(FR) \\ y(i) = y\_axis + rand(FR) \end{cases}$$

$$Disti = \sqrt{x^2(i) + y^2(i)}$$

$$S(i) = 1/Disti$$

$$\begin{cases} \dot{\boldsymbol{X}} = \boldsymbol{A}\boldsymbol{X} + \boldsymbol{W} \\ \boldsymbol{Z} = \boldsymbol{H}\boldsymbol{X} + \boldsymbol{V} \end{cases}$$

%方程离散化

$$\begin{cases} \boldsymbol{X}_k = \boldsymbol{O}_{k,k-1}\boldsymbol{X}_{k-1} + \boldsymbol{\Gamma}_{k-1}\boldsymbol{W}_{k-1} \\ \boldsymbol{Z}_k = \boldsymbol{H}_k\boldsymbol{X}_k + \boldsymbol{V}_k \end{cases}$$

$$Kalman(S(i))$$

% 获得味道浓度值 $Smell$

$$Smell(i) = MSE(Kalman(S(i)))$$

end

% 获取最优的过程噪声协方差 Q，获取最优状态变量 $\boldsymbol{X}$

$$\boldsymbol{X} \leftarrow \min(smell(i))$$

$$Q \leftarrow Sbest$$

% 迭代寻优

$for\ g\ =\ 1:maxgen$

$for\ i\ =\ 1,\ 2,\ \ldots,\ sizepop$

if 不更新代数大于 2

$$\begin{cases} x(i) = x\_axis + trnd(m,1,d) \\ y(i) = y\_axis + trnd(m,1,d) \end{cases}$$

else

$$f(i) = f_{\min} + (f_{\min} - f_{\max}) \times rand$$

$$\begin{cases} x(i) = x(i-1) + (x(i-1) - x\_axis) \times f(i) \\ y(i) = y(i-1) + (y(i-1) - y\_axis) \times f(i) \end{cases}$$

end

$$Disti = \sqrt{x^2(i) + y^2(i)}$$

$$S(i) = 1/Disti$$

$$\begin{cases} \dot{X} = AX + W \\ Z = HX + V \end{cases}$$

%方程离散化

$$\begin{cases} X_k = O_{k,k-1} X_{k-1} + \mathit{\Gamma}_{k-1} W_{k-1} \\ Z_k = H_k X_k + V_k \end{cases}$$

$Kalman(S(i))$

% 获得味道浓度值 $Smell$

$$Smell(i) = MSE(Kalman(S(i)))$$

end

% 获取最优的过程噪声协方差 Q，获取最优状态变量 X

$$X \leftarrow \min(smell(i))$$

$$Q \leftarrow Sbest$$

end

3.4.4 初始对准算法的仿真分析

为了验证改进算法的有效性，本书进行了仿真试验，选取原始果蝇优化算法优化卡尔曼滤波算法 FOA-KF、文献 [8] 中的改进果蝇优化算法优化卡尔曼滤波算法 IFOA-KF、粒子群算法优化卡尔曼滤波算法 PSO-KF 与本节提出的果蝇优化卡尔曼滤波算法进行对比。本节仿真中，经度 $l = 110°$，纬度 $L = 40°$，海拔 $h = 40\mathrm{m}$，重力加速度 $g = 9.7803267714\mathrm{m/s^2}$，地球转速 $\omega_{ie} = 15.041°/\mathrm{h}$，仿真时间为 5s。FOA-KF、IFOA-KF 最大迭代次数 $maxgen = 100$，种群大小 $sizepop = 20$，位置范围 LR 为 $[-1.0，1.0]$。在本节提出的果蝇优化卡尔曼滤波算法中，频率变量 $f_{\min}$ 和 $f_{\max}$ 分别为 0 和 2，其他参数与 FOA-KF 和 IFOA-KF 相同。在 PSO-KF 中，最大迭代次数 $maxgen = 100$，种群大小 $sizepop = 20$，两个加速度系数为 1.49，惯性权重系数为 0.65，种群范围为 $[-5，5]$，速度范围为 $[-1，1]$。仿真软件为 MATLAB，系统环境为 Windows7（x64）。四种算法的初始对准误差对比如图 3-6 所示。

由图 3-6 可知，本节提出的算法在航向角、俯仰角和横滚角三个方面的角度误差均小于其他三种算法，在 2s 后优势更为明显，四种算法的初始对准误差见表 3-2。

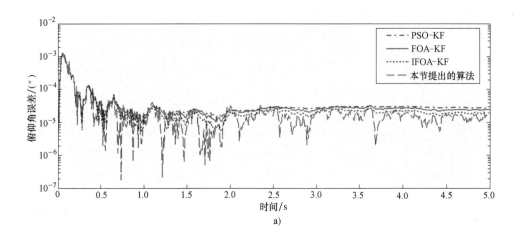

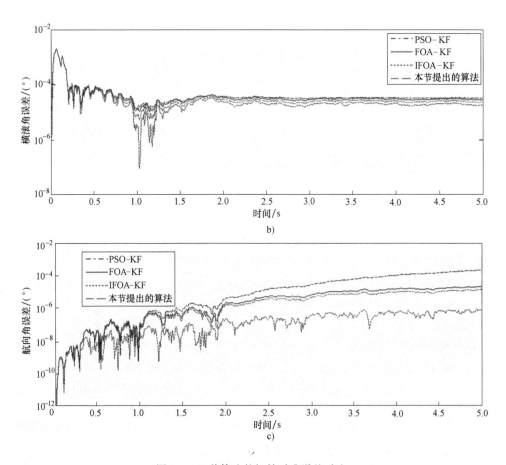

图 3-6 四种算法的初始对准误差对比

表 3-2　四种算法的初始对准误差　　　　　　　（单位：（°））

名称	俯仰角	横滚角	航向角	平均误差
PSO-KF	0.000050336	0.000065926	0.000045396	0.000053886
FOA-KF	0.000047334	0.000062827	0.000006588	0.000038916
IFOA-KF	0.000042335	0.000057818	0.000004314	0.000034822
本节提出的算法	0.000036726	0.000052809	0.000000242	0.000029926

　　由表 3-2 可知，本节提出的算法在俯仰角、横滚角和航向角三个角度上的误差均为最小，且在航向角方面优势更为明显。从平均误差来看，本节提出的算法误差仅为 0.000029926°，对准精度比 PSO-KF 高 44.46%，比 FOA-KF 高 23.10%，比 IFOA-KF 高 14.06%。

3.5　差分式惯性传感组件数据融合模型

　　由于工作面环境恶劣，采煤机运动工况复杂，采煤机运动割煤时，会导致安装在采煤机机身上的惯性传感器产生漂移误差。针对惯性传感器的漂移误差问题，建立了差分式惯性传感组件数据融合模型，提出基于差分式传感组件的采煤机位姿差分解算方法，为获取准确的采煤机位姿信息奠定基础。

3.5.1　差分布局方法

　　采煤机在进行惯性导航定位时，由于温度、振动等外界因素会导致安装在采煤机机身上的惯性传感器发生漂移误差。本节将惯性传感器发生的漂移误差归为两类：确定性漂移和非确定性漂移。确定性漂移指的是方向和大小确定的常值漂移，非确定性漂移指的是方向或大小不确定的随机漂移。为了消除确定性漂移误差和减少非确定性漂移，本节设计了一种基于差分式传感组件的误差消除方法，差分式惯性传感组件的布局方法如图 3-7 所示。

　　由图 3-7 可知，课题组设计的差分式传感组件采用四个惯性传感器构成差分结构，每相邻的两个惯性传感器之间均有两个坐标轴反向。理论上，差分式惯性传感组件能够完全消除确定性漂移，降低非确定性漂移。

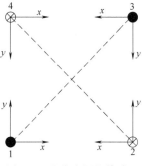

图 3-7　差分式惯性传感组件的布局方法

3.5.2　数据融合方程

1. 角速度融合方程

　　当单个惯性传感器发生绕某个轴转动时，其输出的角速度 ω 为真实的角速度 ω_r、角速度确定性漂移 ω_c、角速度非确定性漂移 ω_u 三个部分的矢量和：

$$\boldsymbol{\omega} = \boldsymbol{\omega}_r + \boldsymbol{\omega}_c + \boldsymbol{\omega}_u \tag{3-96}$$

由图 3-7 可知，差分式惯性传感组件下的角速度可以表示为

$$\hat{\boldsymbol{\omega}} = \begin{pmatrix} \omega_x \\ \omega_y \\ \omega_z \end{pmatrix} = \frac{1}{4} \begin{pmatrix} \omega_{x1} - \omega_{x2} - \omega_{x3} + \omega_{x4} \\ \omega_{y1} + \omega_{y2} - \omega_{y3} - \omega_{y4} \\ \omega_{z1} - \omega_{z2} + \omega_{z3} - \omega_{z4} \end{pmatrix} \tag{3-97}$$

由于角速度确定性漂移 $\boldsymbol{\omega}_c$ 的大小和方向一致，因此在各个坐标轴方向可以相互抵消，而角速度非确定性漂移 $\boldsymbol{\omega}_u$ 由于大小和方向的不确定性不能相互抵消，基于式（3-96）和式（3-97）则可获得角速度的数据融合方程

$$\hat{\boldsymbol{\omega}} = \begin{pmatrix} \omega_x \\ \omega_y \\ \omega_z \end{pmatrix} = \frac{1}{4} \begin{pmatrix} 4\omega_{xr} + (\omega_{xu1} - \omega_{xu2} - \omega_{xu3} + \omega_{xu4}) \\ 4\omega_{yr} + (\omega_{yu1} + \omega_{yu2} - \omega_{yu3} - \omega_{yu4}) \\ 4\omega_{zr} + (\omega_{zu1} - \omega_{zu2} + \omega_{zu3} - \omega_{zu4}) \end{pmatrix} \tag{3-98}$$

其中 $\hat{\boldsymbol{\omega}}$ 表示差分系下的角速度，符号"∧"表示差分系下的融合值，下文中带"∧"的都表示差分系下的融合值，不再一一说明。从式（3-98）可以分析出，确定性漂移可以通过差分方法完全消除，而非确定性漂移的相同部分可相互抵消，不同部分通过求其均值避免误差扩大。

2. 比力加速度融合方程

当单个惯性传感器发生平动时，其输出的比力加速度 $\boldsymbol{f}$ 包括了真实比力加速度 $\boldsymbol{f}_r$、比力加速度确定性漂移 $\boldsymbol{f}_c$、比力加速度非确定性漂移 $\boldsymbol{f}_u$ 三个部分

$$\boldsymbol{f} = \boldsymbol{f}_r + \boldsymbol{f}_c + \boldsymbol{f}_u \tag{3-99}$$

差分式惯性传感组件下的比力加速度可以表示为

$$\hat{\boldsymbol{f}} = \begin{pmatrix} f_x \\ f_y \\ f_z \end{pmatrix} = \frac{1}{4} \begin{pmatrix} f_{x1} - f_{x2} - f_{x3} + f_{x4} \\ f_{y1} + f_{y2} - f_{y3} - f_{y4} \\ f_{z1} - f_{z2} + f_{z3} - f_{z4} \end{pmatrix} \tag{3-100}$$

由式（3-99）式（3-100）获得比力加速度的数据融合方程

$$\hat{\boldsymbol{f}} = \begin{pmatrix} f_x \\ f_y \\ f_z \end{pmatrix} = \frac{1}{4} \begin{pmatrix} 4f_{xr} + (f_{xu1} - f_{xu2} - f_{xu3} + f_{xu4}) \\ 4f_{yr} + (f_{yu1} + f_{yu2} - f_{yu3} - f_{yu4}) \\ 4f_{zr} + (f_{zu1} - f_{zu2} + f_{zu3} - f_{zu4}) \end{pmatrix} \tag{3-101}$$

同样分析式（3-101）可以得出融合后的比力加速度可以消除确定性漂移，降低非确定性漂移。

3.6 采煤机位姿差分解算算法

3.6.1 采煤机姿态差分解算

由于四元数法求解姿态矩阵实时性强、精度高、没有退化和奇点等现象，本

节采用四元数法求解姿态变换矩阵，根据式（3-20）和式（3-96）可以得到 $\boldsymbol{\omega}_{nb}^b$ 的值

$$\boldsymbol{\omega}_{nb}^b = \hat{\boldsymbol{\omega}}_{ib}^b - \boldsymbol{C}_n^b(\boldsymbol{\omega}_{ie}^n + \boldsymbol{\omega}_{en}^n) \tag{3-102}$$

式中，$\hat{\boldsymbol{\omega}}_{ib}^b$ 表示差分系下的惯性传感组件融合后的角速度输出值；$\boldsymbol{\omega}_{nb}^b$ 表示载体坐标系相对导航坐标系的角速度在载体坐标系的投影，由式（3-13）、式（3-18）和式（3-19）可知采煤机姿态变换矩阵的微分方程的矩阵形式为

$$\begin{pmatrix} \dot{\boldsymbol{q}}_0 \\ \dot{\boldsymbol{q}}_1 \\ \dot{\boldsymbol{q}}_2 \\ \dot{\boldsymbol{q}}_3 \end{pmatrix} = \frac{1}{2} \begin{pmatrix} 0 & -\boldsymbol{\omega}_{nbx}^b & -\boldsymbol{\omega}_{nby}^b & -\boldsymbol{\omega}_{nbz}^b \\ \boldsymbol{\omega}_{nbx}^b & 0 & \boldsymbol{\omega}_{nbz}^b & -\boldsymbol{\omega}_{nby}^b \\ \boldsymbol{\omega}_{nby}^b & -\boldsymbol{\omega}_{nbz}^b & 0 & \boldsymbol{\omega}_{nbx}^b \\ \boldsymbol{\omega}_{nbc}^b & \boldsymbol{\omega}_{nby}^b & -\boldsymbol{\omega}_{nbx}^b & 0 \end{pmatrix} \begin{pmatrix} \boldsymbol{q}_0 \\ \boldsymbol{q}_1 \\ \boldsymbol{q}_2 \\ \boldsymbol{q}_3 \end{pmatrix} \tag{3-103}$$

式中，$\boldsymbol{\omega}_{nb}^b$ 的值可根据式（3-102）得到，因此求解式（3-103）可以得到 q_0、q_1、q_2、q_3 的实时值。姿态变换矩阵 $\boldsymbol{C}_b^n$ 的表达式为

$$\boldsymbol{C}_b^n = \begin{pmatrix} \cos\gamma\cos\varphi + \sin\gamma\sin\theta\sin\varphi & \cos\theta\sin\varphi & \sin\gamma\cos\varphi - \cos\gamma\sin\theta\sin\varphi \\ -\cos\gamma\sin\varphi + \sin\gamma\sin\theta\cos\varphi & \cos\theta\cos\varphi & -\sin\gamma\sin\varphi - \cos\gamma\sin\theta\cos\varphi \\ -\sin\gamma\cos\theta & \sin\theta & \cos\gamma\cos\theta \end{pmatrix} \tag{3-104}$$

则由式（3-104）和式（3-14）可以求得采煤机的姿态角

$$\begin{pmatrix} \gamma \\ \theta \\ \varphi \end{pmatrix} = \begin{pmatrix} \arctan\left[\dfrac{2(q_2 q_3 + q_0 q_1)}{q_0^2 - q_1^2 - q_2^2 + q_3^2}\right] \\ \arcsin\left[2(q_0 q_2 - q_1 q_3)\right] \\ \arctan\left[\dfrac{2(q_1 q_2 + q_0 q_3)}{q_0^2 + q_1^2 - q_2^2 - q_3^2}\right] \end{pmatrix} \tag{3-105}$$

式（3-105）求得各姿态角的值域为 $-90° \sim 90°$，而通常定义的航向角范围为 $0° \sim 360°$，因此需要将航向角的值进行转换，得到航向角为

$$\varphi_{真} = \begin{cases} \varphi, & \varphi > 0 \\ \varphi + 360, & \varphi < 0 \\ 0, & \varphi = 0 \end{cases} \tag{3-106}$$

3.6.2 采煤机速度差分解算

结合式（3-39）采煤机的速度方程和 $\boldsymbol{f}^n = \boldsymbol{C}_b^n \hat{\boldsymbol{f}}^b$ 可以得到采煤机的速度更新方程为

$$\dot{\boldsymbol{v}}^n = \boldsymbol{C}_b^n \hat{\boldsymbol{f}}^b - (2\boldsymbol{\omega}_{ie}^n + \boldsymbol{\omega}_{en}^n) \times \boldsymbol{v}^n + \boldsymbol{g}^n \tag{3-107}$$

式中，$\hat{\boldsymbol{f}}^b$ 是差分系下惯性传感组件的加速度融合输出值。由于速度更新周期 T 较

短，我们认为姿态变换矩阵 $\boldsymbol{C}_b^n$ 对应的旋转矢量非常微小。因此对等式两边积分可以得到 t_k 时刻在导航坐标系内的速度为

$$\boldsymbol{v}_k^n = \boldsymbol{v}_{k-1}^n + \boldsymbol{C}_{b(k-1)}^{n(k-1)} \int_{k-1}^k \boldsymbol{C}_{b(t)}^{b(k-1)} \hat{\boldsymbol{f}}^b \mathrm{d}t + \int_{k-1}^k \left[\boldsymbol{g}_1^n - (2\boldsymbol{\omega}_{ie}^n + \boldsymbol{\omega}_{en}^n) \times \boldsymbol{v}^n \right] \mathrm{d}t$$

$$(3\text{-}108)$$

式（3-108）中的各变量为

$$\boldsymbol{C}_{k-1} = \boldsymbol{C}_{b(k-1)}^{n(k-1)}$$

$$\Delta\boldsymbol{v}_{sfm}^b = \int_{k-1}^k \boldsymbol{C}_{b(t)}^{b(k-1)} \hat{\boldsymbol{f}}^b \mathrm{d}t$$

$$\Delta\boldsymbol{v}_{g/corm}^n = \int_{k-1}^k \left[\boldsymbol{g}_1^n - (2\boldsymbol{\omega}_{ie}^n + \boldsymbol{\omega}_{en}^n) \times \boldsymbol{v}^n \right] \mathrm{d}t \qquad (3\text{-}109)$$

则式（3-108）可以简写为

$$\boldsymbol{v}_k^n = \boldsymbol{v}_{k-1}^n + \boldsymbol{C}_{k-1}\Delta\boldsymbol{v}_{sfm}^b + \Delta\boldsymbol{v}_{g/corm}^n \qquad (3\text{-}110)$$

其中，$\Delta\boldsymbol{v}_{sfm}^b$ 又可表示为

$$\Delta\boldsymbol{v}_{sfm}^b = \Delta\boldsymbol{v}_k + \Delta\boldsymbol{v}_{rotm} + \Delta\boldsymbol{v}_{sculm} \qquad (3\text{-}111)$$

式中，$\Delta\boldsymbol{v}_k = \int_{k-1}^k \hat{\boldsymbol{f}}^b(t)\mathrm{d}t$ 是比力产生的速度增量；$\Delta\boldsymbol{v}_{rotm} = \dfrac{1}{2}\boldsymbol{a}_k \times \Delta\boldsymbol{v}_k$ 是速度旋转效应产生的误差，$\boldsymbol{a}_k = \int_{k-1}^k \hat{\boldsymbol{\omega}}_{ib}^b(t)\mathrm{d}t$ 是角速度产生的误差；$\Delta\boldsymbol{v}_{sculm} = \dfrac{1}{2}\int_{k-1}^k \left[\boldsymbol{a}(t) \times \boldsymbol{f}^b(t) + \Delta\boldsymbol{v}(t) \times \hat{\boldsymbol{\omega}}_{ib}^b(t) \right]\mathrm{d}t$ 是速度划船效应产生的误差。

采煤机在运行过程中，$\boldsymbol{\omega}_{ie}^n$ 和 $\boldsymbol{\omega}_{en}^n$ 的变化量可忽略，因此可以当作常量取中间时刻的值进行积分，即 t_k 和 t_{k-1} 的中间值积分，则式（3-110）中 $\Delta\boldsymbol{v}_{g/corm}^n$ 可以表示为

$$\Delta\boldsymbol{v}_{g/corm}^n = \int_{k-1}^k \left[\boldsymbol{g}_{k-1}^n - (2\boldsymbol{\omega}_{ie\left(k-\frac{1}{2}\right)}^n + \boldsymbol{\omega}_{en\left(k-\frac{1}{2}\right)}^n) \times v^n \right]\mathrm{d}t \qquad (3\text{-}112)$$

3.6.3 采煤机位置差分解算

为了方便计算，采煤机的位置方程可用其一阶近似表达式表示

$$\dot{l} = l_{k-1} + v_{E(k-1)} / \left[(R_{N(k-1)} + h_{k-1})\cos L_{k-1} \right]$$

$$\dot{L} = L_{k-1} + v_{N(k-1)} / (R_{M(k-1)} + h_{k-1})$$

$$\dot{d}_E = d_{E(k-1)} + v_{E(k-1)} \qquad (3\text{-}113)$$

$$\dot{d}_N = d_{N(k-1)} + v_{N(k-1)}$$

$$\dot{d}_U = d_{U(k-1)} + v_{U(k-1)}$$

由于 t_k 时刻的 $\boldsymbol{v}_k^n$ 已经求得，在位置更新过程中采用平均速度值，可以得到位

置的表达式为

$$\dot{l} = l_{k-1} + (v_{E(k-1)} + v_{Ek}) / \left[2 (R_{N(k-1)} + h_{k-1}) \cos L_{k-1} \right]$$

$$\dot{L} = L_{k-1} + (v_{N(k-1)} + v_{Nk}) / \left[2 (R_{M(k-1)} + h_{k-1}) \right]$$

$$\dot{d}_E = d_{E(k-1)} + (v_{E(k-1)} + v_{Ek}) / 2$$

$$\dot{d}_N = d_{N(k-1)} + (v_{N(k-1)} + v_{Nk}) / 2$$

$$\dot{d}_U = d_{U(k-1)} + (v_{U(k-1)} + v_{Uk}) / 2 \tag{3-114}$$

3.7 试验验证

为了对采煤机惯性导航定位方法进行验证，课题组搭建了采煤机惯性导航定位试验平台，并在矿山智能采掘装备省部共建协同创新中心进行了地面试验。采用果蝇优化卡尔曼滤波算法进行采煤机初始对准，利用位姿差分解算算法获取采煤机的位姿信息，试验验证采煤机惯性导航定位方法的正确性和有效性。

3.7.1 试验平台搭建

采煤机惯性导航定位的试验平台主要包括采煤机、数据采集单元、数据处理单元、上位机四个部分。该平台利用固定在采煤机机身上的数据采集单元获取采煤机的三轴加速度和角速度，通过I2C（内部集成电路）协议实时传输到数据处理单元中进行初始对准后差分融合解算，将解算之后的数据通过UART（通用异步收发传输器）串口通信发送到上位机进行显示。试验平台搭建示意图如图3-8所示。

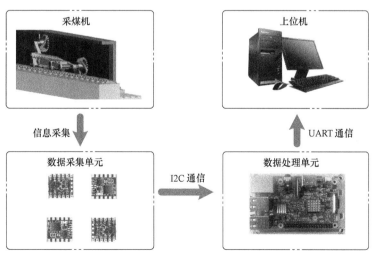

图 3-8 试验平台搭建示意图

试验处理单元采用树莓派（Raspberry Pi）3B 作为核心处理单元，其具有 ARMv8 四核中央处理器（CPU），系统装载在 Nano-SIM 卡上，可外接 SD（安全数码）/MicroSD 存储卡，还具有 USB（通用串行总线）接口、以太网接口、无线模块、蓝牙模块等，是一台小型计算机，图 3-9 所示为 Raspberry Pi 3B 实物图。

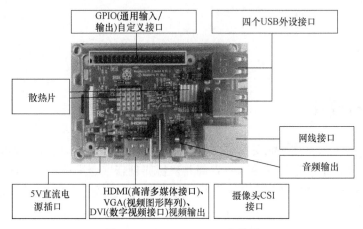

图 3-9　Raspberry Pi 3B 实物图

试验采集单元选用的是 JY901 型惯性传感器构成的差分式惯性传感组件，并采用 I2C1 接口同时连接 4 个 JY901，4 个相同设备按照对称安装布局组成差分式惯性传感组件，Raspberry Pi 3B 通过 4 路数据采集实现惯性传感组件数据接收，图 3-10 所示为 Raspberry Pi 3B 与差分式惯性传感组件的 I/O（输入/输出）连接图。

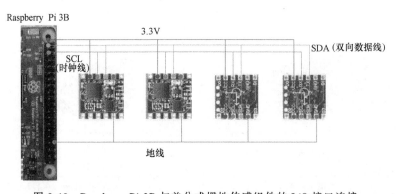

图 3-10　Raspberry Pi 3B 与差分式惯性传感组件的 I/O 接口连接

在上述硬件设计的基础上，搭建了现场试验平台，如图 3-11 所示。差分式惯性传感组件成差分布置固定在定位板上，定位板固联在采煤机机身上，差分式惯性传感组件和 Raspberry Pi 3B 通过杜邦线连接，Raspberry Pi 3B 和上位机之间通过 USB 转 TTL（Time to Line，可见存活的时间）模块连接。

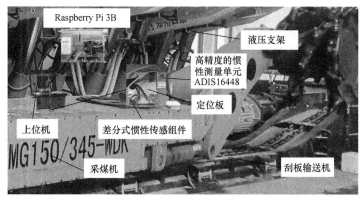

图 3-11　现场试验平台

3.7.2　采煤机惯性导航定位试验

采煤机惯性导航定位试验分为三部分：初始对准试验、姿态定位试验和位置定位试验。

1. 初始对准试验

以采煤机初始位置作为东北天坐标系的原点，水平向右为东向，垂直方向为天向，采煤机前进方向为北向，则此时航向角、俯仰角、横滚角均为 0°。当地经度为 $l=117.18°$，纬度为 $L=34.27°$，海拔是 $h=36m$，当地重力加速度是 $g=9.821m/s^2$，地球转速 $\omega_{ie}=15.041°/h$，试验采集了初始位置处 50s 内的数据，采用果蝇优化卡尔曼滤波方法进行对准，图 3-12 所示为采煤机姿态角初始对准结果。

从图 3-12 可以明显看出本节提出的算法在航向角、俯仰角和横滚角的初始对准方面优于其他几种算法，更加接近理论值。而在三个角度中，本节提出的算法在航向角方面误差最大，俯仰角方面误差最小。其中航向角的最终对准结果为 0.042°，俯仰角的最终对准结果为 0.008°，横滚角的最终对准结果为 0.010°，三个方向的对准误差均在 0.1° 之内，证明了本节提出的算法的有效性。

2. 姿态定位试验

考虑室内安全性问题，设置采煤机沿北向加速至 3m/min 后减速至 0m/min 停止运行，运行时间总共为 200s。利用初始对准方法获得航向角、俯仰角和横滚角的初始对准角度分别为 -0.792°、-0.064° 和 0.091°，以此作为动态定姿试验的初始值进行试验。为了验证所提方法的可靠性，采用高精度的惯性测量单元 ADIS16448 得到观测值进行对比，图 3-13 所示为动态定姿试验的采煤机姿态角对比图。

图 3-13 中实线为 ADIS16448 获得的观测值，而虚线为本节提出方法所获得的试验值。经过计算可以得知：所提方法在航向角的误差较大，最大误差为 1.745°，平均误差为 1.043°，而在俯仰角和横滚角方面误差漂移均小于 1°，整体漂移较小，具有较高的精度。

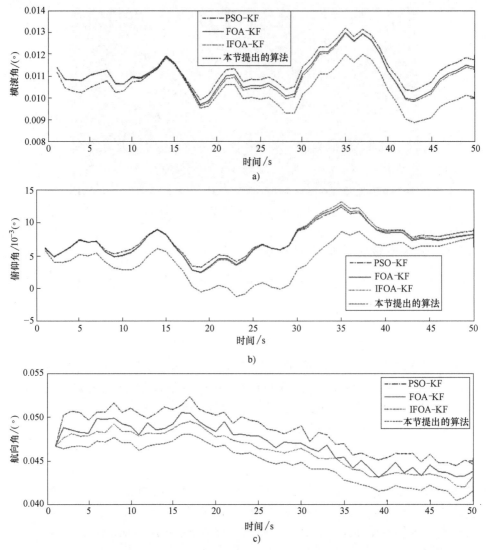

图 3-12 采煤机姿态角的初始对准结果

3. 位置定位试验

考虑到试验条件的限制，设置采煤机沿北向往返运动，单程运行范围内同样先加速至 3m/min 后减速运动，设置采煤机运行三次，单程位移 5m，总位移 15m。为了验证所提方法的可靠性，同样采用高精度的惯性测量单元 ADIS16448 得到观测值进行对比，采煤机位置对比如图 3-14 所示。

由图 3-14 可知，随着时间的推移，提出的采煤机惯性导航定位方法在三个方向的位移跟踪上发生了一定的漂移，这是由于采煤机的位移需要经过对加速度两次积分才能获得，因此惯性传感器的漂移误差经过不断积分后被累积放大，特别是在

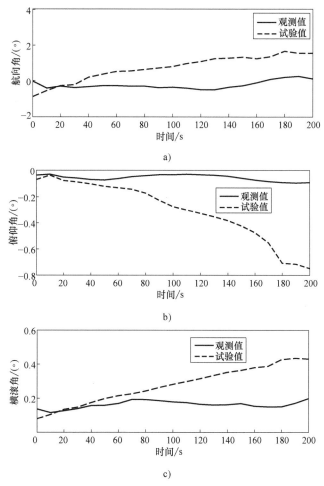

图 3-13 动态定姿试验的采煤机姿态角对比图

东向和北向方面比较明显。采煤机在北向来回移动导致在北向运行的距离最远，并且在北向上进行了多次换向和加、减速运动，导致惯性传感器的非确定性漂移比较明显，经过积分后被不断放大，因此北向的误差漂移最大。而东向漂移主要是由于工作面不直导致采煤机运行时在东向上受力使惯性传感器产生了非确定性漂移，进而被累积放大。采煤机在运行过程中，由于地面相对平坦，因此天向位移变化幅度最小。经过计算，提出的方法在北向误差较大，且发生了反向漂移，这是由于采煤机在北向来回运动过程中速度发生突变导致惯性传感器在北向发生了非确定漂移，而东向和天向方面变化较小，因此随时间在小范围内产生了波动性的漂移。其中在东向的平均误差为 0.157m，最大误差为 0.380m；北向的平均误差为 0.409m，最大误差为 0.919m；天向的平均误差为 0.096m，最大误差为 0.225m，三个位置方向的位移误差均小于 1m，符合采煤机定位要求。

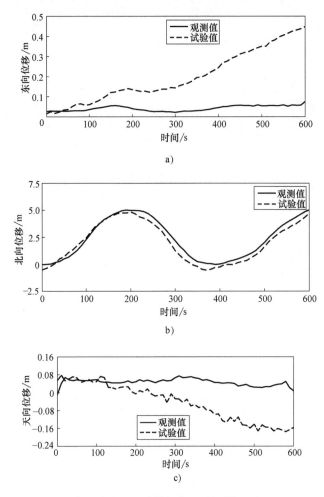

图 3-14 采煤机位置对比图

参 考 文 献

［1］ DASSIOS A，JANG J W. Kalman-Bucy filtering for linear systems driven by the cox process with shot noise intensity and its application to the pricing of reinsurance contracts ［J］. Journal of Applied Probability，2005，42（1）：93-107.

［2］ RAITOHARJU M，ÁNGEL F GARCÍA-F，ROBERT P. Kullback-Leibler divergence approach to partitioned update kalman filter ［J］. Signal Processing，2016，130：289-298.

［3］ SASIADEK J Z，KHE J. Sensor fusion based on fuzzy Kalman filter ［C］// Proceedings of the Second International Workshop on Robot Motion and Control. RoMoCo'01（IEEE Cat. No. 01EX535）. Bukowy Dworek：IEEE，2001.

［4］ LEE S H，LEE J. Optimization of three-dimensional wings in ground effect using multiobjective genetic algorithm [J]. Journal of Aircraft, 2011, 48 (5): 1633-1645.

[5] CHENG R, JIN Y. A social learning particle swarm optimization algorithm for scalable optimization [J]. Information Sciences, 2015, 291: 43-60.

[6] PAN W T. A new fruit fly optimization algorithm: taking the financial distress model as an example [J]. Knowledge-Based Systems, 2012, 26: 69-74.

[7] PAN W T. Using modified fruit fly optimisation algorithm to perform the function test and case studies [J]. Connection Science, 2013, 25 (2-3): 151-160.

[8] XU J, WANG Z B, TAN C, et al. Adaptive wavelet threshold denoising method for machinery sound based on improved fruit fly optimization algorithm [J]. Applied Sciences, 2016, 6 (7): 199.

第4章

采煤机煤岩截割模式识别技术

4.1 采煤机煤岩截割模式分析

综采工作面布局如图 4-1 所示。刮板输送机放置在巷道底板上，采煤机行走轮与刮板输送机上的销排啮合，煤层分布在顶板与底板之间，下面对煤层特性进行介绍。

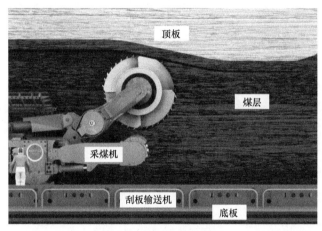

图 4-1 综采工作面布局

1. 顶板

顶板位于煤层之上，是包裹在煤层上方的岩石层，可以分为伪顶、直接顶、老顶。伪顶和煤层紧密相连，厚度一般不超过 0.5m，以炭质页岩居多，在综采过程中极易随煤炭一起掉落。直接顶位于伪顶之上，如果煤层没有伪顶的存在，直接顶则会与煤层连接，厚度一般为几米，以容易垮落的粉砂岩、泥岩居多，常会随工作面推移或液压支架升降的完成而自行掉落，根据其稳定性可以分为不稳定、中等稳定、稳定和坚硬。老顶位于直接顶上或煤层之上，由坚硬的石灰岩、砂岩、砾岩等组成，在截割过程中不易随煤层一起垮落，在采空区暴露一段时间后并具有足够的面积才会随地质的变化掉落。不同煤矿由于沉积和形成过程中受环境变化的影响，会出现煤层顶板发育不全的情况，只出现其中某一种顶板。

2. 底板

位于煤层下方一段距离的岩层称为底板，可以分为伪底、直接底和老底。伪底位于煤层之下，质地较软且厚度不大。直接底在煤层之下且与其直接相连，通常由黏土岩、泥岩等低硬度岩石组成。黏土岩遇水之后会发生膨胀，造成底板不平或局部隆起，影响巷道的支护和支架的推移。老底是位于直接底之下的坚硬岩层，对综采工作面的整体设备起支撑作用。与顶板一样，并不是每个煤矿都同时具有三种底板。

3. 煤层

根据反映煤化程度和黏结性的指标可以将煤炭分为无烟煤、贫煤、焦煤、肥煤、气煤等，每种煤炭的燃烧特性、发热量及硬度都不相同。硬度是指煤炭抵抗外界机械力的能力，可将其分为抗磨硬度、压痕硬度和刻划硬度三种。国际上广泛采用苏联学者普罗托季亚科诺夫于1926年提出的煤岩硬度系数表示方法，简称普氏硬度系数 f，f 是一个无量纲值，表示某种煤岩的坚固性比致密的黏土坚固多少倍。我国煤层硬度系数大多集中在 $f = 1.5 \sim 3.5$，而工作面顶板、底板、断层、夹矸等岩石硬度系数一般不小于4。煤的硬度系数与煤化程度有关，例如褐煤是煤化程度最低的煤炭，其特点是挥发性高、比重小、发热量低等，其硬度系数最小为 $2 \sim 2.5$；无烟煤煤化程度最高，其特点是挥发性低、火力强等，其硬度系数是所有煤炭中最高的，约为4。由于地质条件的不同，同一煤层中煤炭的种类不止一种，即采煤机在综采过程中遇到的煤层硬度也不止一种。

采煤机在一刀采煤过程中，其滚筒会截割到顶板、底板和不同硬度的煤层，本节将不同的截割工况称作煤岩截割模式。对采煤机煤岩截割模式进行识别可以为调高采煤机自适应能力提供理论依据，对推动综采工作面的"少人化"或"无人化"发展具有十分重要的意义。

4.2 煤岩截割传感信号分析

通过分析采煤机在截割过程中的机身传感信息，可以识别当前的煤岩截割模式。为保证煤岩截割模式识别的准确性及实时性，需选择合适的传感信息作为识别依据。在选取表征采煤机煤岩截割模式的传感信息时需考虑两部分因素：一是采煤机的结构和传感系统复杂，影响因素较多，并不是所有传感信息都可以直接、准确地体现出煤岩截割模式；二是采煤机工作环境恶劣，传感器极易损坏，为保证煤岩截割模式识别系统长时间可靠运行，需选取方便获取且传感器不易损坏的传感信息。

4.2.1 煤岩截割声音信号的产生机理

声音是由物体振动产生，通过一定的介质（如气体、液体、固体等）传播，并可以被人或动物的听觉器官或者传感装置所感知接收的。声波是一种压力波，物体的振动使传输介质中分子间发生疏密变化，这种现象会一直延续到物体振动消失为止。声波可以理解为介质偏离平衡状态的小扰动的传播，和其他波一样，振幅和频率是描述声波的两个关键参数，并由振动形式和传输介质的性质决定[1-3]。

采煤机煤岩截割声音信号主要是由截割滚筒上螺旋均匀分布的截齿与煤岩相互碰撞而产生，研究采煤机煤岩截割声音信号的产生过程首先需要分析截齿运动情况与截齿破煤岩的机理，采煤机截割滚筒工作形式如图 4-2 所示。

在图 4-2 中，滚筒绕自身中心轴转速为 ω，同时在 x 轴方向采煤机牵引速度为 v。本节中所采用的坐标系为工作面三维坐标系，其中 x、y 轴方向定义与第 2 章相同，z

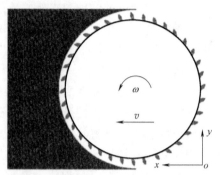

图 4-2　采煤机截割滚筒工作形式

轴正方向为垂直于 xoy 平面指向煤壁一侧。由于截割滚筒上截齿为螺旋均匀分布，面向煤壁侧左滚筒上截齿为左旋分布，右滚筒上为右旋，因此截齿运动方向始终与 x 轴方向存在一定夹角（定义为螺旋角 α），且与 z 轴夹角不为 90°。采煤机截齿采用合金材料制造，其洛氏硬度可达到 85HRC。采煤机截齿破煤岩的过程可大致分为三个阶段：煤岩变形阶段、煤岩破裂阶段、煤岩崩落阶段，三个阶段煤岩纹理变化示意图如图 4-3 所示。

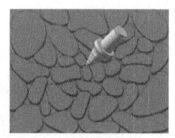

a) 变形阶段　　　　　　　　b) 破裂阶段　　　　　　　　c) 崩落阶段

图 4-3　三个阶段煤岩纹理变化示意图

煤岩变形阶段是从采煤机截齿由非截割位置（截齿上未产生应力）运动至截割位置（截齿上产生应力）后，随着截齿前刀面不断挤压煤岩，煤岩产生微小变形，变形区域包括弹性变形和塑性变形。由于截齿与煤岩之间存在一定的夹角，煤岩上的引力呈不均匀分布。截齿对煤岩的最大剪切应力出现在截割力方向稍低于截齿与煤岩接触面的位置，此处剪切应力一般是接触面剪切应力的 2~3 倍。由于煤岩抗剪强度明显弱于抗压强度，因此剪切应力使得煤岩在未达到其最大抗压屈服强度之前产生裂纹。变形阶段截齿与煤岩作用产生的声音主要来源于截齿与煤岩接触的瞬间产生的冲击声，特点为高频、瞬间幅值较大且幅值迅速衰减。

随着截齿的继续运动，截割力不断增大，当截齿剪切应力超过煤岩最大抗剪强度后，煤岩因产生裂纹而被错开，称为剪切裂纹。此后截齿对煤岩的压力也将达到其最大抗压力，煤岩在挤压应力的作用下也将形成裂纹，称为赫兹裂纹。在截齿的不断侵入过程中，剪切裂纹与赫兹裂纹持续向四周扩展，使煤岩发生失稳现象，直至形成碎块。破裂阶段截齿与煤岩作用产生的声音主要来源于截齿与煤岩表面摩擦产生的声音，以及煤岩破裂过程中因煤岩失稳而相互碰撞产生的声音，此阶段声音特点是幅值较小、频率成分较多且多为高频。

煤岩变形与破裂阶段持续时间很短，截齿的行进量也较小，整个过程都在截齿与煤岩接触区域附近发生。而一旦截齿离开上述区域，截齿无法再为煤岩提供一定的支撑，煤岩在 x 轴方向完全失稳。此时位于当前截齿后方的截齿不断逼近该位置，截割力再次增大，剪切裂纹与赫兹裂纹进一步增多，煤岩出现大面积崩落，形成体积较大的煤岩块。截齿截割力在煤岩发生崩落之后释放，直至下一次接触煤岩时再次产生。煤岩崩落阶段中截齿与煤岩产生的声音主要来源于崩落的煤岩块与截齿表面碰撞的声音，此阶段声音持续时间较长，特点是幅值较小、频率相对较低且频率成分多。

综上所述，煤岩截割过程可分为三个阶段，从截齿与煤岩接触直至煤岩崩落，可以看成是煤岩破碎的最小周期。相对于采煤机的牵引速度与滚筒旋转速度，煤岩破碎的最小周期时间极短，且采煤机上分布有大量截齿，同一时刻有多个截齿处于煤岩破碎的不同阶段，因此同一时刻采集到的截割声音中总是包含各个阶段的声音分量。总体而言，截割声音信号具有高频、大振幅的特点。此外，由于煤层与岩石之间存在明显的物理特性差异，截齿破煤层与破岩石所产生的声音在频率与幅值上也有明显的差异。正是基于上述特点，有经验的采煤机操作人员才能在复杂多变的工作面声音中辨别出采煤机当前的截割状况，并及时调控采煤机。

4.2.2 煤岩截割振动信号分析

采煤机在截割煤岩过程中产生的摇臂振动包含摇臂固有振动信息及截割煤岩引起的冲击振动信息，主要由三个部分组成：一是摇臂自身因传动引发的振动；二是采煤机机身振动传递到摇臂上引发的振动；三是截割煤岩时的外部激励引发的振动[4-6]。

1）摇臂自身因传动引发的振动属于系统的内部激励。摇臂作为采煤机截割部的重要组成部分，负责将截割电动机的动力经减速齿轮组、惰轮组、行星减速机构传递至截割滚筒。因此，摇臂自身因传动引发的振动主要振源是齿轮的啮合。齿轮在运转时会出现周期的单、双齿相互交替啮合，啮合系数连续变化，使齿轮的刚度和啮合力随之周期性变化，导致了齿轮工作过程中的刚度激励。此外，由于齿轮本身的制造与安装误差，使齿轮在工作过程中出现误差激励。

2）采煤机机身振动传递到摇臂上引发的振动。摇臂上部通过销轴与采煤机机身连接，下部与调高液压缸连接，调高液压缸再由销轴连接在采煤机机身上。摇臂与机身之间是物理连接的，由机械振动的传递理论可知，采煤机在运行过程中的机身振动会传递至摇臂上，成为摇臂振动的成分之一。

3）采煤机截割煤岩时的外部激励引发的振动。当外部激励发生变化时，采煤机摇臂的振动也会发生改变。采煤机在综采工作面正常运行时保持恒功率输出，只有当截割滚筒截割到不同性状的煤岩时，截割滚筒的转速因截割负载的变化而变化，导致摇臂内部齿轮的旋转角速度和啮合频率发生变化。

因此，摇臂振动信号可表征采煤机的煤岩截割模式。以平行于采煤机牵引方向、平行于滚筒轴线方向及竖直方向建立三维直角坐标系，将采煤机摇臂振动信号分为 x 轴、y 轴和 z 轴三轴振动信号。采煤机在截割煤岩的过程中，摇臂 x 轴振动信号受采煤机牵引速度影响较大，以该轴振动信号表征采煤机煤岩截割模式不够准确[7]。因此，对于摇臂振动信号，采用摇臂 y 轴和 z 轴振动信号来表征采煤机煤岩截割模式较为准确。

4.3　基于多传感信息融合的采煤机煤岩截割模式识别

4.3.1　采煤机煤岩截割模式识别系统架构

由4.2节可知，采煤机的截割声音信号、摇臂 y 轴和 z 轴振动信号可以表征采煤机的煤岩截割状态，因此本节选取截割声音信号和摇臂的两轴振动信号作为采煤机煤岩截割模式识别的依据。为准确识别采煤机煤岩截割模式，搭建了基于多传感信息融合的采煤机煤岩截割模式识别系统，系统架构如图4-4所示。

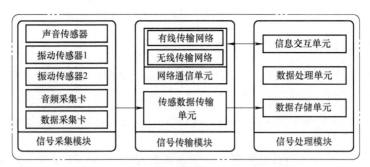

图4-4　采煤机煤岩截割模式识别系统架构

采煤机煤岩截割模式识别系统主要由信号采集模块、信号传输模块和信号处理模块三个部分组成。通过各传感器分别采集采煤机的截割声音信号和摇臂的两轴振动信号，将其传输至信号处理模块进行处理，实现对采煤机煤岩截割模式的识别，并将识别结果通过信号传输模块传输至采煤机机载控制器和矿井地面的远程监控中心，根据识别结果对采煤机进行合理的调控。信号采集模块包括一个声音传感器、两个振动传感器、音频采集卡和数据采集卡等，将三个传感器分别安装在采煤机摇臂的合适位置，声音传感器通过 MIC-IN（麦克风输入）连接电缆与音频采集卡直接连接，采集采煤机截割煤岩时的截割声音信号；两个振动传感器与数据采集卡通过专用的低噪声连接电缆连接，同时采集摇臂的两轴振动信号（振动传感器 1 和振动传感器 2 采集的信号分别对应摇臂 y 轴和 z 轴振动信号）。信号传输模块主要完成两部分功能：一是将采集到的信号经传感数据传输单元传输至信号处理模块的数据存储单元；二是通过网络通信单元的有线传输网络实现与采煤机机载控制器的通信，同时通过无线传输网络将采煤机煤岩截割模式识别系统接入综采工作面的无线 Mesh 交换网络，进而并入煤矿井下环网，实现与矿井地面的远程监控中心的信息交互。信号处理模块为该系统的核心组成部分，在数据存储单元中可进行传感数据和采煤机煤岩截割模式识别结果的存储。在数据处理单元中可实现基于多传感信息融合的采煤机煤岩截割模式识别，包括对三个传感信号进行去噪、分解、特征提取、煤岩截割模式识别及识别结果的融合，最终得到准确的采煤机煤岩截割状态信息。通过信息交互单元将采煤机煤岩截割模式识别结果传输给采煤机机载控制器，同时可获取采煤机当前的运行状态以实现更准确的煤岩截割模式识别，将煤岩截割模式识别结果及识别结果突变时的关键传感数据上传至矿井地面的远程监控中心，进一步完善对采煤机的远程监控。

4.3.2　采煤机煤岩截割模式识别流程

通过采煤机煤岩截割模式识别系统的信号采集模块采集截割声音信号和摇臂的两轴振动信号，在信号处理模块中对采集到的三个传感信号进行处理，从而识别出采煤机当前的煤岩截割状态，其具体识别流程如图 4-5 所示。

因综采工作面配套设备众多，工作环境复杂，经传感器采集到的采煤机截割声音信号和摇臂振动信号会不可避免地受到噪声干扰，两类信号均属于强噪声背景下的弱信号，信噪比较低且成分复杂。为提高识别结果的准确率，首先需对三个传感信号去噪，以提高信号信噪比，通过小波阈值去噪方法对信号进行去噪。采煤机截割声音信号和摇臂振动信号成分复杂，为保证所提取特征的有效性，采用变分模态分解分别对去噪后的信号进行分解，并利用改进后的引力搜索算法优化变分模态分解的参数，进一步提高分解效果。计算分解后各模态分量的包络熵和峭度，提取信号的特征向量，并通过主成分分析技术对特征向量进行降维，分别获取两类信号中表征煤岩截割状态的关键特征信息。

在特征级通过 RBF 神经网络分别得到基于单一信号的三个煤岩截割模式识别结果，在决策级通过 D-S 证据理论对三个独立识别结果进行融合，得到采煤机煤岩截割状态的最终识别结果。特征级的处理过程为：通过改进后的果蝇算法优化 RBF 神经网络的基函数宽度，分别将三个传感信号的特征向量作为三个神经网络

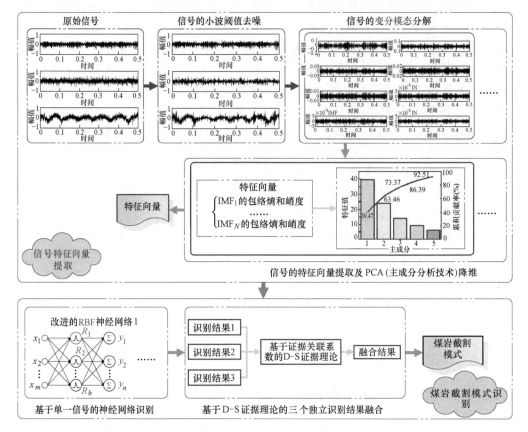

图 4-5　采煤机煤岩截割状态的具体识别流程

的输入层向量进行采煤机煤岩截割模式的识别，三个神经网络的输出层向量分别是基于 1 路截割声音信号和 2 路摇臂振动信号的独立识别结果。决策级融合的过程为：将三个 RBF 神经网络的独立识别结果转换成各证据的基本概率指派，利用基于证据关联系数的 D-S 证据理论实现证据的融合，得到采煤机煤岩截割模式的最终识别结果。

4.4　基于红外热成像的采煤机煤岩截割模式识别

4.4.1　采煤机截割煤壁红外热成像图分析

采煤机在截割煤体过程中，可将煤壁划分为三个区域，包括：未截割区（滚筒未截割的煤壁区域）、正在截割区（滚筒正在截割的煤壁区域）和已截割区（滚筒截割后的煤壁区域）。一般可见光难以穿透采煤机截割时产生的粉尘，无法获得清晰的图像，而红外辐射能够穿透粉尘，对综采工作面恶劣的粉尘环境有较好的适应能力，通过红外热成像图可以清晰地分辨出这三个区域，采煤机截割煤壁红外热成像图如图 4-6 所示。

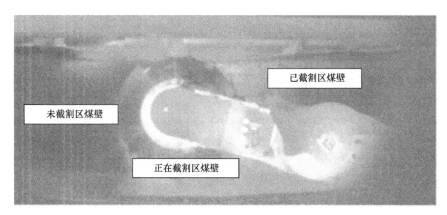

图 4-6　采煤机截割煤壁红外热成像图

未截割区域的煤壁温度由环境温度决定，基本不会发生变化，因此颜色较暗。而正在截割区，由于滚筒上的截齿与煤壁直接接触，相互之间存在强烈冲击和剧烈摩擦，从而产生巨大的摩擦热，摩擦热导致正在截割区的煤壁温度升高。由于被滚筒遮挡，无法实时获取正在截割区的煤壁温度，但煤壁温度不会快速冷却，当采煤机移动后仍可以获取已截割区的煤壁温度，从图 4-6 中可以看出已截割区煤壁明显亮于未截割区煤壁，表明其温度增加明显。不同煤岩的性质不同，则其与滚筒摩擦产生的热量会有区别，从而截割后煤壁温度的增加值也不同。当采煤机的进刀量、移动速度和滚筒转动速度一定时，煤壁的煤岩性质是影响煤壁温度变化的主要因素。因此通过实时检测截割前后煤壁温度的变化值，可用于分析采煤机的截割模式，从而为采煤机的智能控制提供依据。

由于采煤机处于不断的运动过程中，如何获取截割前后煤壁温度是实现采煤机截割模式识别的关键问题之一。红外热成像技术不仅可以获取整个截割区域的温度数据，并且能得到采煤机运行的红外热成像视频数据，利用目标跟踪技术跟踪采煤机截割部，从而实时获取煤壁被截割前后温度的变化值，实现采煤机截割模式的识别。

4.4.2　截割过程中温度特征分析

温度在红外热成像图中是以颜色的形式表现的，对于高温部位通常用白色来显示，而低温部位则通常为黑色。在采煤机截割煤壁的红外热成像图中，未截割煤壁的温度较低，通常较暗，而截割后的煤壁在红外热成像图中明显变亮，说明其温度显著上升。采煤机连续截割红外热成像图如图 4-7 所示。可以发现截割过程中滚筒截齿以及截割部的亮度明显高于其他位置，表明这两处是发热最多的位置，并且其温度变化不太明显，无法作为截割模式分类的信息来源。

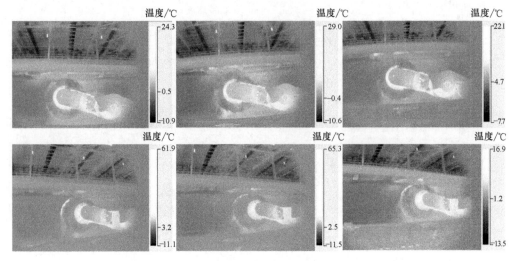

图 4-7　采煤机连续截割红外热成像图

　　而在滚筒截割过后，煤壁的温度会在短时间内上升，而后又缓慢冷却。另外发现，不同性质的煤壁其温度升高的程度不同，在截割坚固性较低的煤壁时，截割后煤壁温度变化值相较于截割坚固性较高的煤壁略低，由此提出通过该温度特征来识别采煤机的截割模式，识别截割煤体的坚固性。因此需要提取采煤机在截割煤壁过程中截割前煤壁温度和截割后煤壁温度的数据，将其作为样本来进行分析，作为截割模式识别的基础。

4.4.3　截割煤壁温度数据分析

　　通过红外热成像分析软件得到采煤机截割煤壁前后煤壁的温度数据，而煤壁的温度是一个区域温度场，其温度值在不同位置是不同的。为此选取了煤壁温度的最高值、最低值和平均值作为煤壁温度的参数。部分获得的煤壁截割前后温度差数据对比如图 4-8 所示。其中，坚固性 f1 表示煤体的普氏硬度系数 $f = 1 \sim 2$，坚固性 f2 表示煤体的普氏硬度系数 $f = 2 \sim 3$，坚固性 f3 表示煤体的普氏硬度系数 $f = 3 \sim 4$，坚固性 f4 表示煤体的普氏硬度系数 $f = 4 \sim 5$。

　　从图 4-8 中可以发现，当截割的煤壁坚固性增加时，截割前后煤层表面温度差也会明显增大并呈现明显的分层现象。由于是在采煤机截割后立即获得煤壁的温度，所以不用考虑散热和热传导等因素，即煤壁的热能完全由做功产生，温度升高的影响因素主要为煤壁性质以及滚筒对煤壁的作用力。另外，在进刀量和采煤机截割速度一定的情况下，滚筒对煤壁的作用力是一定的，从而煤壁性质是决定截割前后煤壁温度升高量的主要因素，由此认为，选取煤壁截割前后的温度差作为截割模式识别的信息是有依据的。

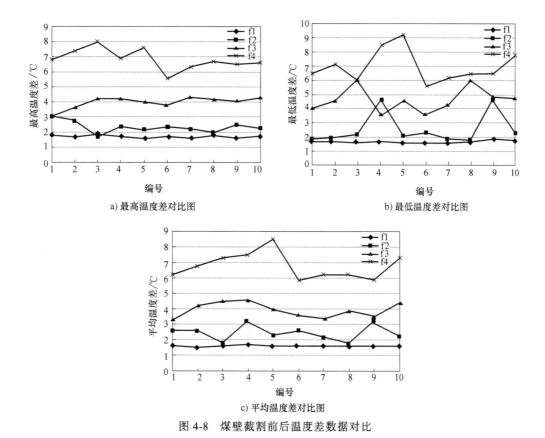

a) 最高温度差对比图 b) 最低温度差对比图

c) 平均温度差对比图

图 4-8　煤壁截割前后温度差数据对比

在此基础上，课题组设计了多种基于机器学习的采煤机煤岩截割模式识别方法，并通过地面试验和井下工业性试验验证了方法的有效性。

参 考 文 献

［1］ 霍云虎. 采煤机截割部与牵引部铰接处转动异响分析［J］. 机械管理开发，2020，35（07）：112-114.

［2］ 马涛. 基于 LabVIEW 的采煤机实验装置声音信号分析［D］. 淮南：安徽理工大学，2020.

［3］ 宋纪侠. 采煤机参数对工作面噪声和温升影响的研究［D］. 阜新：辽宁工程技术大学，2005.

［4］ 闻学震. 截齿截割岩石过程中磨损状态识别研究［D］. 阜新：辽宁工程技术大学，2017.

［5］ 张启志. 采煤机截割振动信号采集系统的研究［D］. 北京：煤炭科学研究总院，2017.

［6］ 李福涛，王忠宾，司垒，等. 基于振动信号的采煤机煤岩截割状态识别［J］. 煤炭工程，2022，54（01）：123-127.

［7］ 李文政. 基于应变模态的采煤机摇臂振动特性及实验研究［D］. 阜新：辽宁工程技术大学，2020.

第 5 章

综采工作面煤岩识别技术

5.1 基于深度学习的综采工作面煤岩识别系统设计

5.1.1 综采工作面煤岩识别系统架构

为实现综采工作面的煤岩识别，设计了如图 5-1 所示的综采工作面煤岩识别系统框架。通过在液压支架上安装隔爆摄像仪，采集综采工作面的煤岩图像。隔爆摄像仪中采集到的图像传输至综采工作面煤岩识别装置中，煤岩识别装置对图像进行相应的处理，包括图像切分、图像分类、语义分割和图像拼接。新研制的煤岩识别装置主要包括图像接收模块、图像处理模块、无线传输模块和以太网交换模块等。采煤机机载控制器通过以太网通信电缆获取煤岩识别装置对综采工作面煤岩识别的结果，然后进行智能调控；同时矿井地面的远程监控中心利用煤矿井下环网和无线 Mesh 交换网络获取识别煤岩结果及采煤机相关运行数据，实现综采工作面设备工作情况的远程监控。

隔爆摄像仪安装在每台液压支架顶梁下方（见图 5-2）。选用的隔爆摄像仪支持最大图像尺寸为 3840×2160，支持多种网络通信协议，有 TCP/IP（传输控制协议/网际协议）、HTTP（超文本传输协议）、HTTPS（超文本传输安全协议）、IC-MP（互联网控制报文协议）、DNS（域名系统）、DDNS（动态域名服务）等，防爆标志为 ExdiMb。隔爆摄像仪将采集到的煤岩图像信号通过 MIC-IN 传输至煤岩识别装置中，随后煤岩识别装置对其进行相应的处理和识别。新研制的煤岩识别装置是基于 ATX 架构的嵌入式计算处理装置，搭载 Windows10 操作系统，选用 Intel 酷睿 i5 9600KF 六核处理器，选用 Kingston 的 DDR4 3600MHz 内存条，容量为 16GB，2T 的数据存储空间，提供四个 USB3.0 接口和两个 10/100/1000Mbps 网络接口。采煤机机载控制器的核心部分是一套 SIMATIC S7-300 系列 PLC，该 PLC 包含 CPU 模块、数字量输入模块、数字量输出模块、模拟量输入模块、模拟量输出模块、高速计数模块和以太网通信模块等。采煤机都是通过 PLC 发出相应的控制指令进行调速、调高、启停等动作的，现场数据以及控制指令的远程传输则是通过以太网通信模块实现的。

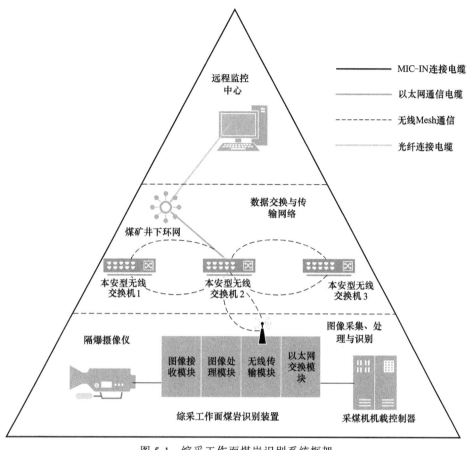

图 5-1 综采工作面煤岩识别系统框架

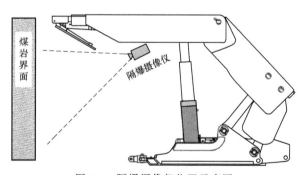

图 5-2 隔爆摄像仪位置示意图

5.1.2 基于深度学习的综采工作面煤岩识别流程

通过综采工作面煤岩识别装置接收由隔爆摄像仪采集到的综采工作面煤岩图像，在图像处理模块中对采集到的煤岩图像进行分类和语义分割，然后将分类和分割结果进行融合，从而识别出综采工作面中煤和岩的分布情况。综采工作面煤岩识别流程如图 5-3 所示。

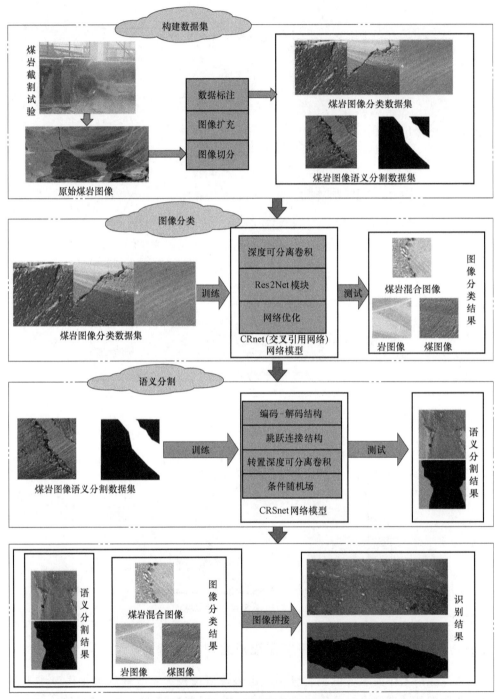

图 5-3　综采工作面煤岩识别流程

在图 5-3 中，煤岩图像的分类和煤岩图像的语义分割主要采用深度学习的方式进行，在进行应用前需要对网络模型进行构建和训练。而网络模型的训练需要大量的数据支持，现阶段关于煤岩图像的数据样本太少，不能全面地反映综采工作面的煤岩分布情况，所以先通过搭建采煤机煤岩截割试验台来获取大量的煤岩图像数据，并对其进行扩充、标注和划分，制作出特征丰富的煤岩图像分类数据集和煤岩图像语义分割数据集。然后利用深度可分离卷积和 Res2Net 模块构建煤岩图像分类 CRnet 网络模型，并采用正则化、Dropout（暂时丢弃）和批标准化对网络模型进行优化，使用煤岩图像分类数据集对 CRnet 网络模型进行训练。随后利用编码-解码结构和跳跃连接结构构建煤岩图像语义分割 CRSnet 网络模型，并采用转置深度可分离卷积和条件随机场对分割结果进行优化，进而实现煤岩分布特征的准确识别。

5.2　综采工作面煤岩图像数据集的构建

5.2.1　综采工作面煤岩图像采集

在深度学习中，数据集的规模制约着网络模型的性能。如果数据集规模小，那么很多数据特征在训练网络模型的过程中不能被学习到，导致网络模型的泛化能力差，最后网络模型的性能满足不了实际需求。考虑到实际综采工作面环境恶劣、情况复杂，完备的综采工作面煤岩图像数据集获取较困难，所以通过搭建采煤机煤岩截割试验台，获取采煤机滚筒截割煤壁后的煤岩分布图像来构造数据集。

根据综采工作面的现场工况，基于矿山智能采掘装备省部共建协同创新中心的综采"三机"成套设备，搭建了功能完善的采煤机煤岩截割试验平台，如图 5-4 所示。该试验平台主要包括图像采集系统和煤岩截割系统两部分：图像采集系统主要包括工控计算机和隔爆摄像仪；煤岩截割系统主要包括采煤机、液压支架、刮板输送机、煤岩试样和固定台架。为了清晰地采集滚筒截割过后的煤岩图像，将隔爆摄像仪安装在液压支架顶梁下方，隔爆摄像仪获取的最大图像尺寸为 3840×2160，并支持多种网络通信协议，如 TCP/IP、HTTP、HTTPS、ICMP、DNS、DDNS 等，防爆标志为 ExdiMb。本次试验选用的采煤机型号为 MG150/345-WDK，每个截割电动机功率为 150kW，总装机功率为 345kW，截割滚筒直径为 1200mm，最大截割进刀量为 600mm。

考虑到试验现场环境恶劣等问题，本次试验选用的工控计算机是基于 ATX 架构的嵌入式计算处理装置，搭载 Windows10 操作系统，选用 Intel 酷睿 i5 9600KF 六核处理器，Kingston 的 DDR4 3600MHz 内存条，容量为 16GB，2T 的数据存储空间，提供四个 USB3.0 接口，两个 10/100/1000Mbps 网络接口。

由于煤矿运输条件的限制，大规模收集和运输形状规则的天然煤岩到地面并进

图 5-4　采煤机煤岩截割试验平台

行截割试验较为困难，因此本试验的煤岩试样依据相似标准性来进行制作。为了模拟不同的煤岩性状分布情况，采用不同比例的煤、砂和水泥经配制后浇筑至模具，凝固后在室内养护两周使用。制作完成后的不同类型的煤岩试样如图 5-5 所示。其中煤的比例从左至右依次增加，制作出的煤岩试样尺寸为 $1000mm \times 700mm \times 700mm$。

图 5-5　不同类型的煤岩试样

完成煤岩截割试验后，通过摄像仪采集煤岩试样的截割表面分布情况（见图 5-6）。采集的煤岩图像尺寸为 3840×2160，如果直接使用原始煤岩图像进行深度学习，会由于输入尺寸过大，导致网络模型的训练与使用所需要的时间大大增加。如果缩小原始图像的尺寸后进行深度学习，图像会丢失很多细节特征，使网络模型学习到的特征减少，最后导致网络模型的性能不佳。为避免出现以上两种现象，采取的方法是对原始煤岩图像进行切分，这样不仅使煤岩图像的尺寸变小，还增加了数据的多样性。

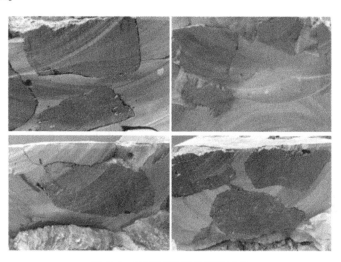

图 5-6　截割试验后的煤岩试样

为了获取更加丰富的煤、岩石及煤岩混合图像，对原始的煤岩图像进行了切分处理。在切分处理时，要求切分的图像要满足网络输入的大小，同时切分的图像不能有相同的存在。由于煤与岩石交界处为不规则形状，将切分后的图像分为三类，即煤图像、煤岩混合图像和岩石图像，每种图像尺寸为 224×224（见图 5-7）。

a) 煤图像　　　　　　　　　　b) 煤岩混合图像　　　　　　　　　c) 岩石图像

图 5-7　切分后的煤岩图像

5.2.2　综采工作面煤岩图像扩充

在网络模型训练的过程中，如果训练样本过少，那么在训练中会造成过拟合的现象，导致网络模型的鲁棒性太差；如果拥有无穷的数据，那么网络模型可以观察到数据分布的全部特征，从而避免出现过拟合的现象。为解决过拟合的现象，同时使网络模型拥有更好的鲁棒性，必须获取大量的数据样本。在深度学习中，获取大量数据样本的方法一般为获取新数据和对现有的数据进行扩充。而现阶段由于综采工作面环境恶劣、工况复杂等因素，获取新的数据成本过高，不宜实行，所以本试验选择对现有数据进行扩充处理。

数据扩充包括在线扩充和离线扩充两种方法。其中在线扩充是先获取将要输入网络模型进行训练的一批数据，对这一批数据进行翻转、平移、旋转等操作，然后输入到网络模型进行训练；而离线扩充则是直接对原始的所有数据集进行翻转、平移、旋转等操作，然后再分批输入网络模型进行训练。大规模的数据集一般采用在线扩充的方法进行数据扩充，对于煤岩数据集这类规模不大的数据集宜采用离线扩充的方法。

在对煤岩图像扩充过程中，主要采用缩放（Scale）、旋转（Rotation）、裁剪（Shear）和添加噪声这几种扩充因子对图像进行预处理。下面简单介绍一下这几种扩充因子。

（1）图像缩放　缩放将改变不同点的距离，对物体来说则改变了物体的尺度。缩放一般是沿 x 轴和 y 轴进行，其缩放系数为 S_x 和 S_y 时，图像缩放的矩阵表达式为

$$\begin{pmatrix} x' \\ y' \\ 1 \end{pmatrix} = \begin{pmatrix} S_x & 0 & 0 \\ 0 & S_y & 0 \\ 0 & 0 & 1 \end{pmatrix} \begin{pmatrix} x \\ y \\ 1 \end{pmatrix} \tag{5-1}$$

其中 (x, y) 表示原图像；(x', y') 表示缩放过后的图像。

（2）图像旋转　旋转是指围绕某个点旋转图像以形成新图像的过程。旋转前后图像的像素值不变。当选择的旋转点为坐标原点时，图像旋转的矩阵表达式为

$$\begin{pmatrix} x' \\ y' \\ 1 \end{pmatrix} = \begin{pmatrix} \cos\theta & \sin\theta & 0 \\ -\sin\theta & \cos\theta & 0 \\ 0 & 0 & 1 \end{pmatrix} \begin{pmatrix} x \\ y \\ 1 \end{pmatrix} \tag{5-2}$$

其中 (x, y) 表示原图像；(x', y') 表示旋转过后的图像。

（3）图像裁剪　图像裁剪分为规则裁剪和不规则裁剪，本节选择的方法为规则裁剪，即裁剪的范围是一个矩阵，通过设定左上角和右上角的坐标确定裁剪的位置；为了避免图像裁剪过后进行归一化时图像质量太差，选择的裁剪过后的大小范围是原图像的 0.5~1 倍。

（4）添加噪声　实际生产过程中，由于工作面灯光、粉尘等外界环境的随机干扰，会导致获取的图像中包含噪声，如高斯噪声、泊松噪声和椒盐噪声等。为模拟真实的生产环境，本试验选用高斯噪声、泊松噪声和椒盐噪声添加至图像中。其中选用噪声的概率密度函数见表 5-1。

表 5-1　不同噪声的概率密度函数

噪声	概率密度函数（PDF）
高斯噪声	$p(z) = \dfrac{1}{\sqrt{2\pi}\,\sigma} \exp\left[-\dfrac{(z-\mu)^2}{2\sigma^2}\right]$
泊松噪声	$p(z) = \dfrac{\lambda^z}{z!} e^{-\lambda}$
椒盐噪声	$p(z) = \begin{cases} P_a & z=a \\ P_b & z=b \\ 0 & \text{其他} \end{cases}$

在上述四种扩充方法中，设置缩放因子在 $0.5 \sim 2$ 倍进行随机选择，旋转角度因子在 $0 \sim 360°$ 进行随机选择，裁剪范围在 $0.5 \sim 1$ 倍进行随机选择；在添加噪声过程中，选择方差为 0.01 的高斯噪声、$\lambda = 1$ 的泊松噪声、噪声比 $z = 0.02$ 的椒盐噪声。处理过后的图像如图 5-8 所示。其中，图像由 3400 张扩充为 24000 张。

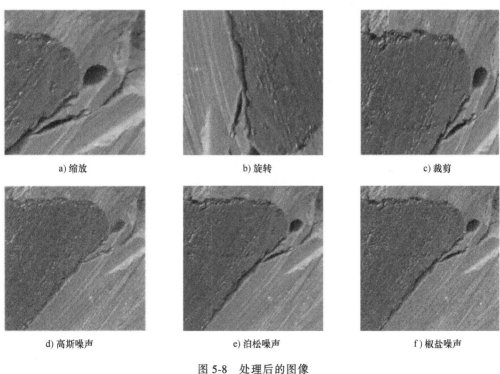

a) 缩放　　　　　　　　　b) 旋转　　　　　　　　　c) 裁剪

d) 高斯噪声　　　　　　　e) 泊松噪声　　　　　　　f) 椒盐噪声

图 5-8　处理后的图像

5.2.3　综采工作面煤岩图像标注

数据的标签是网络模型在训练过程中进行反向传播非常重要的一部分，与网络模型的性能密切相关。数据的标签是在制作数据集时对数据进行标注获得的。本节采用深度学习方法主要涉及图像分类任务和语义分割任务，需要对煤岩图像分类数据集和煤岩图像语义分割数据集的数据进行标注处理。

对煤岩图像分类数据集的数据进行标注时，由于原始图像经过切分后有煤图像、煤岩混合图像和岩石图像，标签对应为"coal"、"coal_rock"和"rock"。本节应用开源软件 labelme 进行煤岩图像语义分割数据集的标注，软件的界面如图 5-9 所示。其中深色区域表示煤分布区域的标注，标注完后每个图像保存相应的 json 文件，对 json 文件处理后会生成一个包含 img.png、info.yaml、label.png、label_names.txt 和 label_viz.png 的文件夹（见图 5-10），其中 label.png 为标签文件。由于煤岩混合图像中只有煤和岩石，对标签文件进行处理，将其转换为二值化图像进行表示，即煤的像素值为 255，岩石的像素值为 0。最后制作完成后的煤岩混合图像的样本标签和对应的原始图像如图 5-11 所示。

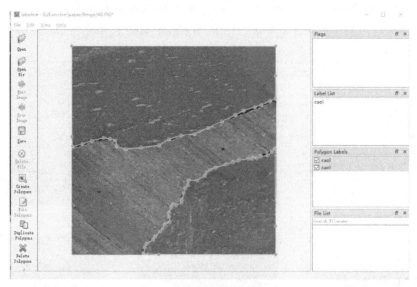

图 5-9　labelme 软件的界面

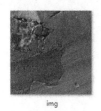    

img　　　　　　info　　　　　　label　　　　　label_names　　　　label_viz

图 5-10　json 生成文件

5.2.4　综采工作面煤岩图像数据集划分

深度学习中数据集通常划分为训练集、验证集和测试集，不同的数据子集在网

图 5-11　制作完成后的煤岩混合图像的样本标签和对应的原始图像

络模型训练中具有不同的功能。其中训练集将数据输入网络模型后得出结果，然后与数据的标签进行对比，计算出网络模型的损失函数，最后经过反向传播更新网络模型的参数，提高网络模型的特征提取和分类的性能，因此训练集的数据量占比最多。验证集用于提高网络模型的训练效率，如果在网络模型进行训练时，各种超参数（如学习率、Epoch、batchsize 等）的设置或网络模型设计不合理，网络模型可以通过输出对验证集的准确率反映出来，然后及时停止训练并进行改进。网络模型训练结束后，可以使用测试集对其进行评价得出网络模型的性能。为了更客观地评估网络模型性能，本节使用 K 折交叉验证的方法来划分数据集，并对网络模型进行评价；K 折交叉验证划分煤岩图像分类数据集和煤岩图像语义分割数据集的步骤如下：

1）将待划分的数据 K 分为 10 份，其中每份含有 $K/10$ 个样本。选择其中一份作为验证集、一份作为测试集，剩下的作为训练集。因此，测试集一共有 10 种选择。

2）在每种选择中，训练集和验证集被用于训练模型，测试集被用于评价模型的性能，获取模型评价分数。

3）不同的测试集交叉验证 10 次，一共得到 10 份模型的评价分数，然后取平均值，最后获得模型评价分数。

5.3　基于卷积神经网络的煤岩图像分类

综采工作面煤岩图像分为煤图像、岩图像和煤岩混合图像，通过图像分类的方法可以对煤岩图像进行识别，判断出所属类别。本节首先介绍卷积神经网络的相关理论和经典的网络模型，在此基础上，结合综采工作面的实际情况进行煤岩图像分类网络模型的设计，并利用煤岩图像分类数据集对网络模型进行仿真试验，实现煤岩图像的准确分类。

5.3.1 经典的卷积神经网络模型

1. VGG 网络模型

VGG 是一种深层卷积网络结构，该网络所采用的卷积核的思想是后来许多网络模型的基础，其结构如图 5-12 所示。整个网络模型都使用了同样大小的卷积核尺寸 3×3 和最大池化尺寸 2×2。VGG 网络模型使用多个 3×3 的小卷积核进行堆叠，其作用是获取更大的感受野，而且使得网络模型的参数量更小，多层的激活函数令网络对特征的学习能力更强。

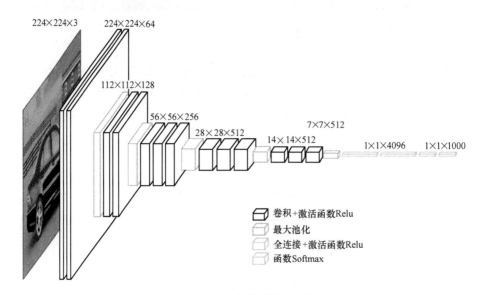

图 5-12　VGG 网络模型的结构

2. GoogLeNet 网络模型

GoogLeNet 网络模型与 VGG 网络模型使用多个 3×3 的小卷积核进行堆叠来加深网络模型的思路不一样，GoogLeNet 网络模型主要是使用 Inception 模块，通过分离融合结构和卷积分解来提高模型的性能。Inception 模块的输入首先通过 1×1 的卷积来改变输入特征图的维度，然后分别经过大小不同的卷积操作或池化操作，最后对所有的结果进行拼接后输出。Inception 模块通过不同的卷积核获取不同尺度的特征，最后将结果进行融合来提升网络模型的效果。其中 Inception 模块如图 5-13 所示。

3. ResNet 网络模型

通过观察 VGG 网络模型、GoogLeNet 网络模型和其他网络模型的发展，可以发现随着深度的增加，网络模型的性能也增加。不过深度增加到了一定阶段，网络模型的性能将会出现倒退，这是由于在进行网络模型训练的过程中，出现了梯度弥散。而在 ResNet 网络模型中提出的残差结构，其主要思想是通过残差函数来逼近

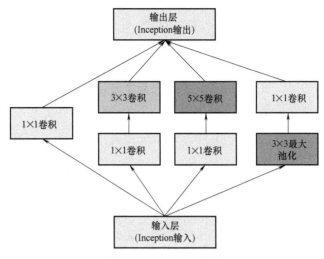

图 5-13 Inception 模块

高度抽象的恒等映射，同时跳跃连接缓解了在网络模型中增加深度带来的梯度消失问题，使网络模型能够训练更深并且最后性能提高。

残差函数的表达式为

$$F(x) = f(x) + x \tag{5-3}$$

其中，$f(x)$ 表示求和前的映射，而引入残差后，网络模型要学习的函数从 $f(x)$ 变为 $F(x)$，添加的 x 使输出的变化更敏感，从而突出微小的变化。

ResNet 网络模型利用残差结构大大加深了网络的深度，使网络模型可以获取到更深层的、更抽象的语义特征，最后让网络模型拥有更好的鲁棒性。

5.3.2 基于 CRnet 的煤岩图像分类网络模型设计

上一小节介绍了卷积神经网络的基本知识，本小节将以此为理论基础来设计煤岩图像分类网络模型。为了使设计的网络模型具有良好的识别性能，且模型的参数少、计算量小，本小节设计了基于 CRnet 的煤岩图像分类网络模型。下面将介绍 CRnet 网络模型中的各个组成模块。

1. 深度可分离卷积

深度可分离卷积是谷歌提出移动端轻量化网络 MobileNet 模型[1] 的核心，它是因式分解卷积的一种。标准卷积网络的卷积核在进行卷积操作时，它同时作用于图像中的所有通道。而深度可分离卷积使用了一种新的方法，它采用不同的卷积核对不同的输入通道进行卷积操作，将普通的卷积操作分解为 Depthwise 操作和 Pointwise 操作。在普通卷积操作的基础上，深度可分离卷积同时考虑通道和区域改变（卷积先只考虑区域，然后再考虑通道），实现了通道和区域的分离。

深度可分离卷积分为两步进行：第一步是利用深度卷积对输入特征的每个通道

进行卷积操作；第二步是使用 1×1 大小的逐点卷积对不同深度卷积的输出进行组合。这样进行分解的优点是减少了网络模型的大小和计算量。普通卷积核的参数量为 $h×w×c$，其中 h 和 w 是普通卷积核的高度和宽度，c 是输入张量的通道数。等效的深度可分离卷积参数量为 $h×w+c$，相对于普通卷积而言，它的参数数量要更小；并且在网络更深的层中通道数增加，就参数数量而言，增益更大。深度可分离卷积的输出大小与普通卷积相同，可以表示为

$$H' = \frac{(H-h+2P_h)}{S_h}+1 \tag{5-4}$$

$$W' = \frac{(H-w+2P_w)}{S_w}+1 \tag{5-5}$$

式中，H' 和 W' 分别表示输出的高度和宽度；P_h 和 P_w 分别表示输入中的垂直和水平填充；S_h 和 S_w 分别表示垂直和水平步幅，通过步幅将输入的比例减小。

2. Res2Net 模块

计算机视觉任务中经常需要提取图像中不同尺度的特征来提高模型的效果，在以往的研究过程中，可以通过堆叠不同的 CNN（卷积神经网络）层、采用不同尺寸的卷积核和残差连接等来实现。而本节将介绍一种更细粒度的方法：Res2Net 模块[2]。

ResNet 中的 Bottleneck block 的结构采用 1×1、3×3、1×1 三层卷积层，这里每一层都带有 relu 激活函数，最后一层在 relu 之前带有残差连接，它可以实现对图像进行多尺度特征提取；而 Res2Net 的 block 结构与该结构非常相似，只是修改了中间 3×3 的卷积层。具体的修改步骤如下：

1）引入一个新的参数 scale，表示将 feature map 分为多少组，简记为 s。

2）对于第一层 1×1 卷积层的输出特征，Res2Net 将其按照通道数均分为 s 组特征，每一组特征的通道数为 a，记均分后每一组特征为 X_i，其中 $i \in \{1, 2, K, s\}$；与输入特征图相比，每个特征子集 X_i 具有相同的空间大小，但通道数为 $1/s$。

3）记每组的卷积操作为 $K_i()$，对于分组后的每一组特征，除了第一组 X_1 不带有卷积操作外，其他组都对应卷积操作 $K_i()$，其中 $i \in \{2, K, s\}$。记 Y_i 为卷积操作的 $K_i()$ 输出，则从第二组开始，每一次卷积操作 $K_i()$ 前，都会将上一组的输出 Y_i 与当前组的特征 X_i 进行残差连接，作为 $K_i()$ 的输入，以此类推，直到最后一组特征。用公式表示为

$$Y = \begin{cases} X_i & i=1 \\ K_i(X_i+Y_{i-1}) & 1<i\leqslant s \end{cases} \tag{5-6}$$

这里需要注意的是，为了保证每次输出与下一组的特征可以直接相加并且不引入额外的参数，必须确保它们的通道数一致。因此，每一组卷积核的通道数必须与每一组特征的通道数一致。

4）将每一组对应的输出进行通道拼接，然后输入最后一层 1×1 卷积层，将这些多尺度的特征进行融合，得到该 block 的输出。由于修改后的 block 里面带有类似残差连接的机制，因此结构称为 Res2Net。

在 Res2Net 模块中，将输入的特征图以多尺度方式进行处理，这有助于提取全局信息和局部信息。通过拆分连接并进行 1×1 卷积获取不同尺度上融合信息。

在设计网络模型过程中，为减少模型的参数数量，在使用 Res2net 模块时，将 3×3 的普通卷积替换为深度可分离卷积。

3. 卷积神经网络的优化

在深度学习中，除了通过改善网络结构、超参数和数据集大小来提高网络模型性能，还可以采用一些优化方法，其中最有效的优化手段包括 Dropout、正则化和批标准化，下面将详细的介绍这三种方法。

（1）Dropout　在网络模型训练中，如果训练集数据规模过少会导致训练出的网络模型产生过拟合的现象，具体表现为网络模型进行训练时损失函数较小，验证集进行预测时准确率较高，但是在测试集进行预测时预测准确率较低。为了缓解此现象，一般使用 Dropout 的方法来减少网络模型出现过拟合的现象[3]。其具体方法是让网络模型在每个批次的训练过程中，设置一定的概率选择某些特征检测器暂时不工作，在下一批次中再次以一定的概率重新选择某些特征检测器暂时不工作，如此重复到训练结束。此方法相当于在每批次的训练过程中选择了不一样的网络模型，同时使特征检测器间的适应性和依赖性降低，最后减少网络模型过拟合现象。

（2）正则化　依据 Occam's Razor（奥卡姆剃刀）原理进行解释权重正则化，即简单模型相对于复杂模型更不可能出现过拟合现象。因此，强制模型权重仅采用较小的值，从而限制了模型的复杂性，这种使权重值的分配更加规则的方法是减少过度拟合现象的另一种方法。

L2 正则化为深度学习中常用的正则化方法[4]，它通过给损失函数添加正则项来降低网络模型的权重值，使权重值不会随输入数据的变化而大幅度的改变，进而影响网络模型的性能，从而减少数据中的局部噪声对网络模型的影响。式（5-7）所示为 L2 正则化后的损失函数。

$$\widetilde{J}(\omega;X,y) = J(\omega;X,y) + \alpha\sum_i \omega_i^2 \tag{5-7}$$

式中，X 和 y 分别是训练的样本和标签；ω 是权重系数向量；$J(\ )$ 是目标函数；$\sum_i \omega_i^2$ 是 L2 范数；参数 α 控制其强弱，本节设置为 0.005。

（3）批标准化　随着网络模型深度加深，或者在训练过程中，其输入的数据分布会逐渐发生偏移或者变动，使网络模型的收敛变慢。如果在网络的中间层引入可学习的参数 γ 和 β 对其进行归一化处理，将输入变为方差为 1、均值为 0 的数据，然后输入下一层网络中，这种方法叫作批标准化[5]。一般在卷积层之后进行批标准化，使网络模型对参数初始化的依赖降低，同时可以选择更大的初始学习率来提高训练速度，让训练过程中的收敛速度越来越快，还可以解决过拟合中正则项参数的选择问题，提高网络模型的泛化能力。其计算过程如下所示，其中 μ 代表均值，σ 代表方差。

$$\mu = \frac{1}{m} \sum_{i=1}^{m} x_i \tag{5-8}$$

$$\sigma^2 = \frac{1}{m} \sum_{i=1}^{m} (x_i - \mu)^2 \tag{5-9}$$

$$\hat{x}_i = \frac{x_i - \mu}{\sqrt{\sigma^2 + \varepsilon}} \tag{5-10}$$

$$y_i = \gamma \hat{x}_i + \beta \tag{5-11}$$

4. 煤岩识别网络模型设计

为了便于描述，将本节所设计的网络模型记为 CRnet，其结构如图 5-14 所示。CRnet 的特征提取模块主要包括 Convolution block 和 Res2net block。Convolution block 由深度可分离卷积、Relu 激活函数、Batch Normalization 和 Max Pooling（最大池化）组成。而 Res2net block 中的 Res2net 在本节进行了改进，将其中的 3×3 普通卷积替换为深度可分离卷积，同时分为 3 组来进行不同维的特征提取。这样选择是为了避免网络过深而造成过拟合现象，之后加入最大池化。

煤岩图像分类数据集预处理后的图像大小为 224×224，训练集中有 24000 张图像，其中煤、岩与煤岩的体积比为 1∶1∶1。煤岩图像输入 CRnet 网络模型后的处理过程如下：

1) 大小为 $224^2 \times 3$ 的图像输入 Convolution_block1 后，先经过大小为 3×3、步数为 1、维度扩充为 64 的深度可分离卷积中两次，输出为 $224^2 \times 64$ 的特征图；接下来经过 Relu 激活函数后，数据输入 Batch Normalization 进行批标准化，再通过最大池化层进行降采样，最后输出特征图像大小为 $112^2 \times 64$。

2) 大小为 $112^2 \times 64$ 的特征图输入 Convolution_block2 后，先经过大小为 3×3、步数为 1、维度扩充为 128 的深度可分离卷积中两次输出为 $112^2 \times 128$ 的特征图；接下来经过 Relu 激活函数后，数据输入 Batch Normalization 进行批标准化，再通过最大池化层进行降采样，最后输出特征图像大小为 $56^2 \times 128$。

3) 大小为 $56^2 \times 128$ 的特征图输入 Convolution_block3 后，先经过大小为 3×3、步数为 1、维度扩充为 256 的深度可分离卷积中两次，输出为 $56^2 \times 256$ 的特征图；接下来经过 Relu 激活函数后，数据输入 Batch Normalization 进行批标准化，再通过最大池化层进行降采样，最后输出特征图像大小为 $28^2 \times 256$。

4) Res2net_block 将大小为 $28^2 \times 256$ 的特征图输入 384 个大小为 1×1 的卷积进行维度扩充，然后将其分为三组，每一组有 128 个特征图。第一组不处理，直接输出暂称为 Y1；第二组经过大小为 3×3、步数为 1、维度扩充为 128 的深度可分离卷

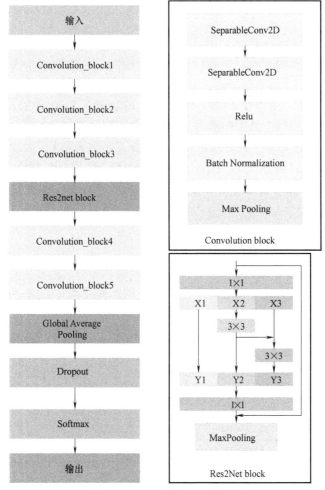

图 5-14　CRnet 网络模型的结构

积，输出为 Y2；第三组首先和 Y2 进行特征张量相加后输入大小为 3×3、步数为 1、维度扩充为 128 的深度可分离卷积，输出为 Y3。接下来将 Y1、Y2 和 Y3 串联输出为 Y，然后 Y 经过 384 个大小为 1×1 的卷积输出大小为 $28^2 \times 384$ 的特征图，同时开始输入的 $28^2 \times 256$ 的特征图经过 1×1 卷积进行维度扩充后，与 $28^2 \times 384$ 的特征图进行特征张量求和，输出为 $28^2 \times 384$ 的特征图。最后经过最大池化输出特征图大小为 $14^2 \times 384$。

5）大小为 $14^2 \times 384$ 的特征图输入 Convolution_block4 后，先经过大小为 3×3、步数为 1、维度扩充为 512 的深度可分离卷积中两次，输出为 $14^2 \times 512$ 的特征图；接下来经过 Relu 激活函数后，数据输入 Batch Normalization 进行批标准化，再通过最大池化层进行降采样，最后输出特征图像大小为 $7^2 \times 512$。

6）Convolution_block5 则是去掉了最大池化，它首先用 512 个大小为 1×1 的卷

积核对 $7^2 \times 512$ 的特征图进行卷积运算，然后经过 relu 和 Batch Normalization 后输出 $7^2 \times 512$ 的特征图。

7）Global Average Pooling 为全局平均池化，用它来代替池化层，有防止过拟合的能力及缩小参数的功能。$7^2 \times 512$ 的特征图输入 Global Average Pooling 后输出为 512 个值。

8）将输出的 512 个值输入 Dropout 层，最后经过 Softmax 分类器进行分类，其输出为 3 个值，代表每个类型的概率。

CRnet 网络模型将 3×3 的普通卷积替换为深度可分离卷积，大大减少了模型的参数，网络模型所占内存从 22.2MB 减少至 15MB。同时，引入的 Res2Net 模块也能更好地提取高级抽象特征，使模型的准确率提高。下面将在试验中进行详细分析。

5.3.3 试验设计与分析

1. 模型的训练与参数设置

首先，对设计的 CRnet 网络模型在 GPU（图形处理器）加速环境下进行训练，具体的硬件环境和软件环境见表 5-2 和表 5-3。

表 5-2　硬件环境

项目	参数
显卡内存	32G
CPU	Intel core i7-7500
硬盘容量	2T
GPU	NVIDIA GeForce RTX 2060 SUPER

表 5-3　软件环境

项目	参数
深度学习框架	Keras 2.2.5
Cuda	10.0
语言	Python3.6
操作系统	Windows10

网络模型在训练过程中，学习率是最重要的超参数。一般情况下，一组优秀的学习率既可以使网络模型训练加速，又可以使网络模型具有优秀的性能。当学习率设置过大或者过小时，会直接影响到网络的收敛。在网络模型训练到一定程度的时候，损失函数将不再减少，这时候网络可能遇到两种情况。第一种情况是得到一个局部极小值，若其接近全局最小则网络性能最佳；若差距很大，则网络性能还有待提升。第二种情况则是陷入鞍点，此时网络性能表现极差，若仍以固定的学习率训练，会使模型陷入左右来回的振荡或鞍点，无法继续优化。

为了更好地训练网络，需要在训练过程中调节学习率。本节选取的学习率衰减方法为

$$\alpha_{E+1} = \alpha_1 \times Z^{\frac{1+E}{D}} \tag{5-12}$$

式中，α_1 是初始学习率；Z 是学习衰减率；D 是衰减速度；E 是迭代次数。

本节选择的梯度下降法中，其初始学习率一般为 0.01，所以影响学习率的参

数为 Z 和 D。为探究参数对训练网络的影响，本节设置了五个试验。不同学习率参数设置见表 5-4，训练过程曲线如图 5-15 所示。

表 5-4 不同学习率参数设置

试验组	Z 的取值	D 的取值
a	0.5	20
b	0.8	20
c	0.2	20
d	0.5	30
e	0.5	10

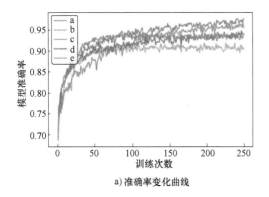
a) 准确率变化曲线

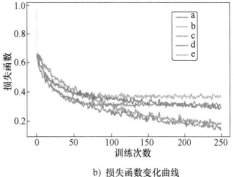
b) 损失函数变化曲线

图 5-15 训练过程曲线
（注：彩图见书后插页。）

可以看出，试验 a 中的网络表现最佳，试验 b 中的网络的性能最差，原因可能是学习率过大而陷入鞍点。试验 c 表现出网络的收敛速度很慢，这是由学习速率的过度下降引起的。试验 d 和 e 网络的性能差别不大，但与最佳试验 a 相比存在显著的差异，这可能是网络陷入了局部最优。所以选取试验 a 的学习率参数设置。训练网络模型的其他参数见表 5-5，其中 Epoch 代表所有的数据输入网络模型中完成一次前向计算及反向传播的过程，Batch size 表示每次放入 GPU 进行训练的图像数量。

表 5-5 训练网络模型的其他参数

参数	值
Epoch（训练次数）	250
Batch size	32
损失函数	交叉熵

2. 试验结果与分析

为了选出最优网络模型，一般需要使用测试集对网络模型进行评价。本节使用的评价指标包括精确率（Precision）、召回率（Recall）和 F1-score，主要由混淆矩阵计算而来，同时也对网络模型所占内存的大小及分类图像的速度进行评估。

混淆矩阵采用矩阵的形式来表现算法性能，其结构如图 5-16 所示。其中每一行代表了数据的真实类别，每行的总数为该类数据的总数；每一列代表了预测类别，每一列的总数表示预测为该类别的数据的数目。True Negatives（TN）表示被分类器判断为负例的数据并且实际也为负例的数据；True Positives（TP）表示被分类器判断为正例的数据并且实际也是正例的数

混淆矩阵		预测值	
		Positive（正）	Negative（负）
真实值	Positive（正）	TP	FN
	Negative（负）	FP	TN

图 5-16　混淆矩阵的结构

据；False Negatives（FN）表示分类器判断为负例的数据但是实际为正例的数据；False Positives（FP）表示分类器判断为正例的数据但是实际为负例的数据。

召回率（Recall）、精确率（Precision）和 F1-score 这些二级指标可以经过混淆矩阵计算。召回率表示正确预测为正例的数量占总样本中正例的数量比例，其值越高越好；精确率表示预测出为正例的样本中有多少是真正的正样本，其值越高越好。如果综合考虑精确率与召回率，可以得到新的评价指标 F1-score，其计算公式见表 5-6。

表 5-6　评价指标计算公式

指　　标	计算公式
召回率（Recall）	$Recall = \dfrac{TP}{TP+FN} \times 100\%$
精确率（Precision）	$Precision = \dfrac{TP}{TP+FP} \times 100\%$
F1-score	$F_1 = 2 \times \dfrac{Precision \cdot Recall}{Precision+Recall}$

为了测试与分析 CRnet 网络模型在煤岩图像中的分类效果，本节设计了两个对比试验来进行验证。

试验Ⅰ：该试验的目的是探究 Res2Net 模块的添加对网络模型的影响，其主要操作是将网络模型中的 Convolution_block 模型替换为 Res2Net 模块。由于加入 Res2net 模块会使网络模型的深度加深，网络模型具有加大过拟合的可能性。试验设置一共有四组，分别为：①CRnet 网络模型不加入 Res2Net 模块；②CRnet 网络模型加入一个 Res2Net 模块；③CRnet 网络模型加入两个 Res2Net 模块；④CRnet 网络模型加入三个 Res2Net 模块。

在网络模型训练结束以后，用数据集对其进行评价，其评价结果见表 5-7。可以看出，CRnet 网络模型在加入一个 Res2Net 模块时，其各项评价最高，精确率为

94.21%，召回率为97.00%，F1-score 为95.57%。对比不加入 Res2Net 的 CRnet 网络模型，可以得出 Res2Net 对网络模型分类有提高的作用。随着加入 Res2Net 模块的增多，各项评价逐渐降低。其原因是在加入 Res2Net 模块后，网络模型的深度也开始加深，过深的网络模型在训练过程中易造成过拟合现象，所以在测试集中表现不佳。

表 5-7 不同试验组的评价结果

试验编号	评价指标		
	Precision	Recall	F1-score
1	86.35%	92.67%	89.39%
2	94.21%	97.00%	95.57%
3	80.78%	89.37%	84.86%
4	69.70%	81.83%	74.85%

试验Ⅱ：该试验的目的是探究设计的 CRnet 网络模型对比 VGG 网络模型、GoogLeNet 网络模型、ResNet 网络模型和 MobileNet 网络模型在煤岩图像分类任务中的性能差异。本节采用的评价性能标准包括网络模型所占内存大小、网络模型对图像分类的测试用时和通过混淆矩阵计算而来的指标。

网络模型所占内存大小和网络模型对图像分类的测试用时的对比结果见表 5-8。

表 5-8 网络模型所占内存大小和网络模型对图像分类的测试用时的对比结果

试验网络	所占内存/MB	测试用时/(ms/张)
CRnet	15	6.57
VGG	474	12.87
GoogLeNet	77.9	7.67
ResNet	259	8.32
MobileNet	26.5	7.32

从表 5-8 中可以看出，在多种网络模型中，CRnet 网络模型所占内存是最少的，仅仅只有15MB；同时从测试用时上来看，CRnet 网络模型表现也是最佳的，测试每张图像仅只用6.57ms。因此，其相对于其他模型来说更具有实际应用价值。

利用煤岩图像分类测试集对不同网络模型进行测试，其混淆矩阵如图 5-17 所示；同时利用混淆矩阵计算精确率（Precision）、召回率（Recall）和 F1-score，网络模型的评价结果见表 5-9。

从表 5-9 中数据可以看出，设计的 CRnet 网络模型在煤岩图像分类测试集中的表现最好，它的精确率（Precision）、召回率（Recall）和 F1-score 分别为94.21%、97.00%和95.57%。这表明本节所设计的网络更适合应用在煤岩图像识别中。

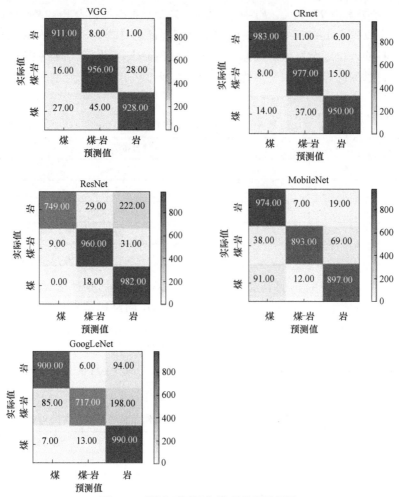

图 5-17　测试不同网络模型的混淆矩阵

表 5-9　网络模型的评价结果

模型	评价指标		
	Precision	Recall	F1-score
CRnet	94.21%	97.00%	95.57%
VGG	87.25%	93.17%	90.09%
ResNet	82.69%	89.70%	85.15%
MobileNet	85.63%	92.17%	88.68%
GoogLeNet	78.08%	86.90%	81.34%

5.4　基于改进 U-net 网络模型的煤岩图像语义分割

对煤岩图像进行分类后，煤岩混合图像中煤和岩石的分布还未确定，而通过语义分割的方法可以确定图像中煤和岩石的分布。本节首先介绍语义分割相关理论；

在此基础上进行煤岩图像语义分割网络模型的设计，并利用煤岩图像语义分割数据集对网络模型进行仿真试验，实现煤岩图像的语义分割。

5.4.1 经典的语义分割网络模型

1. FCN 网络模型

FCN（Fully Convolution Network，全卷积网络）网络模型的结构如图 5-18 所示[6]。其工作步骤分为两步，第一步为特征提取，是由许多卷积层和池化层堆叠起来对输入图像进行的。第二步则是对最后提取到的特征图利用反卷积进行上采样操作，得到和原图像同大小的特征图后对其中每个像素进行预测，输出语义分割图像。但是 FCN 网络模型仅进行一次上采样，上采样的倍数过大，对于像素之间的联系没有进行考虑，所以语义分割的结果比较模糊和不够平滑。

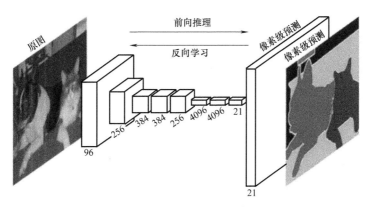

图 5-18 FCN 网络模型的结构

2. SegNet 网络模型

SegNet 网络模型的结构如图 5-19 所示。它是一个对称的网络模型，一般将这类型的结构称为编码-解码结构[7]。SegNet 网络模型的编码部分和 VGG 网络模型的结构相似，主要由卷积层和池化层组成，对输入的图像进行特征提取。解码网络主

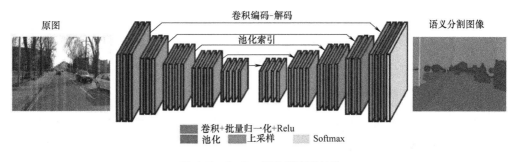

图 5-19 SegNet 网络模型的结构

（注：彩图见书后插页。）

要是使用池化索引对前面的特征图进行上采样，同时还有卷积层对其中的数据进行平滑处理，解码器最后对特征图的像素进行分类，获取语义分割图像。

3. U-net 网络模型

本节将基于 U-net 网络模型来设计煤岩图像语义分割的网络模型[8]，下面将详细地介绍 U-net 网络模型，其结构如图 5-20 所示。网络模型的设计思路为编码-解码的对称结构。在编码部分中一共有四个特征提取模块，特征提取模块由两个 3×3 大小的卷积层和一个 2×2 大小步长为 2 的最大池化层组成；一个 2×2 大小的反卷积和两个 3×3 大小的卷积层组成了上采样模块，上采样模块负责对编码部分提取的特征进行解码，恢复图像的信息。同时为了改善特征图在池化层时丢失的一部分信息，利用跳跃连接将特征提取模块的信息加入至对应的上采样模块中。网络的最后一个卷积层起分类作用，将特征向量转化为分类的结果，形成语义分割图像。

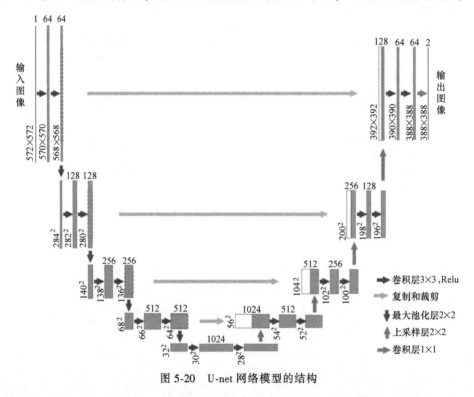

图 5-20　U-net 网络模型的结构

5.4.2　煤岩图像语义分割网络模型设计

本节设计的语义分割网络模型 CRSnet 参考了 U-net 网络模型的对称编码-解码结构和跳跃连接的思想。CRSnet 网络模型的编码器采用了第 5.3 节设计的 CRnet 网络模型作为特征提取层，利用转置深度可分离卷积来进行上采样并减少模型的参数，加入条件随机场来对分割图像做后处理，最后得到语义分割图像。

1. 编码-解码结构

卷积神经网络在处理图像的过程中，在网络模型的浅层，特征图所包含的空间位置信息比较多，但是提取到的语义信息不够，不能进行像素级的语义分割。而在网络模型的深处，经过多次的卷积操作获取到的语义信息比较丰富了，但是其中伴随着池化操作，所携带的空间位置信息则不断地消失，此时对获取的特征进行上采样输出分割结果，其语义分割结果会很粗糙。针对卷积神经网络中的空间位置信息和语义信息之间的矛盾关系，语义分割提出了编码-解码结构，其中典型的网络结构有 SegNet 与 U-net。其中的编码-解码处于对称状态，编码部分一般由卷积神经网络组成，主要负责从输入的图像中进行语义特征的提取。图像在经过语义特征的提取时，空间信息随分辨率减小而损失。在解码部分中，则是对损失的空间信息进行恢复。在后面的研究中，解码部分采用不同的上采样手段形成了不同的网络模型结构。

2. 跳跃连接

在编码-解码结构中，对编码输出的特征图进行上采样时一般获得的是稀疏的空间位置信息。但是在编码的浅层空间中往往会有丰富的空间位置信息，如果上采样时包含此部分的信息，那么分割图像时更容易定位不同特征物体的边界。基于残差模块的启发，可以将编码部分获得的特征图输入至对应的解码部分中。由于跨越的网络层数较多，一般将其称为跳跃连接，其结构如图 5-21 所示。在特征图池化前，通过 1×1 的卷积层来改变维度大小，与解码部分上采样后的特征图进行相加，再执行后续的卷积操作。这样会将在池化后进行的各种操作时丢失的一部分信息通过跳跃连接进行补充，从而提升网络的性能。

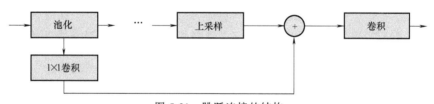

图 5-21 跳跃连接的结构

3. 转置深度可分离卷积

转置卷积是上采样的一种，是由一个单元区域输出到多个单元区域，而普通的卷积则是由多个单元区域输出到一个单元区域。在网络模型的训练中，普通卷积正向传播的计算为卷积核矩阵乘以输入特征图矩阵得到输出。转置卷积的正向传播是卷积核矩阵的转置乘以特征图矩阵得到输出，转置卷积的前向传播可以解释为普通卷积的反向传播过程，因此转置卷积又称为反卷积。普通卷积和转置卷积的运算过程如图 5-22 所示。其中图 5-22a 表示普通卷积的运算过程，其输入为 4×4 的特征图，经过 3×3 大小步长为 1 的卷积核输出 2×2 大小的特征图；图 5-22b 表示转置卷积的运算过程，其输入为 2×2 的特征图，设置填充两个单位的填充像素，经过 3×3

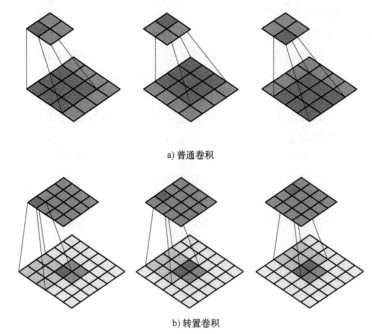

a) 普通卷积

b) 转置卷积

图 5-22 普通卷积和转置卷积的运算过程

大小步长为 1 的卷积核输出 4×4 大小的特征图。

转置深度可分离卷积借鉴了深度可分离卷积的方式，转置深度可分离卷积和转置卷积的关系如同深度可分离卷积同普通卷积的关系类似，这里也执行两个单独的操作。第一个操作涉及在输入的每个通道上独立执行空间转置卷积，同时在输入的所有通道上共享相同的单个深度内核。随后是 1×1 的卷积操作，参数数量的减少与深度可分离卷积的减少量相同。输出张量的大小也与传统的转置卷积相同，可以表示为

$$H' = S_h(H-1) + h - 2P_h \tag{5-13}$$

$$W' = S_w(W-1) + w - 2P_w \tag{5-14}$$

转置的卷积主要用于解码器中，对特征图进行上采样的操作。

4. 条件随机场

语义分割使用上采样的方法对特征图进行还原获得分割图像，容易导致边界错分类和边界不够清晰的情况。为了改善这些情况，利用概率图模型对分割的结果进行后处理是一种有效的方法[9]。在深度学习中，网络模型可以对图像的特征进行很好的提取，概率图模型可以从数学的角度对图像中的各个事物间的关系很好地进行解释，形成了良好的互补，最后提高分割图像的质量。本节主要采用了概率图模型中的条件随机场方法对分割的图像进行后处理。

通过给出一组输入随机变量的情况下得到另一组输出随机变量的条件概率分布叫作条件随机场。通过求图像像素点的二元势函数和一元势函数将条件随机场应用

于图像的语义分割。通过不同像素点之间的关联决定其分类概率的过程叫作二元势函数；而通过像素点自身的信息决定其分类概率的过程叫作一元势函数。使用条件随机场的二元势函数将不同像素点的图像信息综合到目标特征提取的范围，是提高语义分割准确度的有效方法。

假设 $c=\{c_1,\ c_2,\ KK,\ c_N\}$ 表示煤岩图像 I 分割的种类标，分割结果的概率无向图为 $D=\{d_1,\ d_2,\ KK,\ d_N\}$，且煤岩分割的实质是以煤岩混合图像 I 为前提，求解所有像素点分别属于煤和背景的条件概率为 $P(D=c_k\,|\,I)$。依据图理论可知，D 对应的概率无向图满足全局马尔可夫性，$P(D\,|\,I)$ 为条件随机场。表示为

$$P(D\,|\,I)=\frac{1}{Z(I)}\exp(-E(D\,|\,I)) \tag{5-15}$$

其中 $E(D\,|\,I)$ 表示为

$$E(D\,|\,I)=\sum_{i=1}^{N}\psi_1(d_i)+\sum_{\substack{i,j=1\\i<j}}^{N}\psi_2(d_i,d_j) \tag{5-16}$$

式中，$\psi_1(d_i)$ 是一元势函数，表示图像中的形状、结构、位置、颜色、纹理、梯度等信息；$\psi_2(d_i,\ d_j)$ 是二元势函数，表示像素点之间的相互关系对分割的影响。

二元势函数 $\psi_2(d_i,\ d_j)$ 的表达式为

$$\psi_2(d_i,d_j)=\mu(d_i,d_j)\sum_{c=1}^{N}w^c k^c(\boldsymbol{f}_i,\boldsymbol{f}_j) \tag{5-17}$$

每个 k^c 都是从像素 i 和 j 提取的特征 f 并由参数 w^c 加权，向量 $\boldsymbol{f}_i$ 和 $\boldsymbol{f}_j$ 分别是像素 i 和 j 位置上任意维度的特征向量，w^c 是线性组合项的权重。其中有

$$\mu(d_i,d_j)=\begin{cases}0\ ,\ d_i=d_j\\1,\ d_i\neq d_j\end{cases} \tag{5-18}$$

只有在像素 i 和 j 分配的标签不一样时上述二元势函数才有值，如果两个像素分配的标签相同，则二元势函数的值为零。而 $k(\boldsymbol{f}_i,\ \boldsymbol{f}_j)$ 表示为

$$k(\boldsymbol{f}_i,\boldsymbol{f}_j)=\exp\left(-\frac{|E_i-E_j|^2}{2\theta^2}-\frac{|Q_i-Q_j|^2}{2\beta^2}\right)+\exp\left(-\frac{|E_i-E_j|^2}{2\delta^2}\right) \tag{5-19}$$

式中，Q_i 和 Q_j 分别是第 i 和 j 个像素的像素值大小；E_i 和 E_j 分别是第 i 和 j 个像素在图像中的位置；θ、β 和 δ 是常数。

通过式（5-18）判别相似的像素点是否属于同一类。如果像素点属于同一类，则能量函数值相对较小。反之，如果像素点不属于同一类，则能量函数相对较大。在煤岩图像分割中，煤的区域往往被错误地划分为岩石区域，影响了后续的分析。利用该能量函数，使煤与岩的交界区域在分割时更加精确。

5. 语义分割网络模型的设计

本节所设计的语义分割网络模型称为 CRSnet，其结构如图 5-23 所示。煤岩混合图像语义分割数据集预处理后的图像大小为 224×224，训练集中有 8000 张图

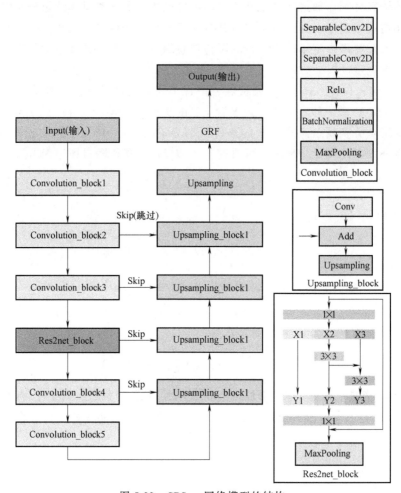

图 5-23   CRSnet 网络模型的结构

像。下面将详细介绍煤岩混合图像输入 CRnet 网络模型后的处理过程，其过程如下：

1）编码器使用的是本文第 4 章设计的 CRnet 网络模型，不过去除了后面的全局平均池化、Dropout、Softmax 分类器。因为编码器的主要目的是为了提取图像的特征，并用于接下来的解码器阶段。输入图像的大小为 $224^2 \times 3$，在经过 6 个特征提取模块后，特征图尺度变为 $7^2 \times 512$，然后进入解码器阶段。

2）大小为 $7^2 \times 512$ 的特征图通过大小为 3×3 的卷积核，步数为 2，维度扩充为 512 的转置深度可分离卷积后变为大小为 $14^2 \times 512$ 的特征图，接下来经过 512 个大小为 1×1 的卷积层后，与 Convolution_block4 中 BN（批量归一化）层所输出的特征图经过 Dropout 后相加，得到大小为 $14^2 \times 1024$ 的特征图，最后经过 512 个大小为 1×1 的卷积层后输出大小为 $14^2 \times 512$ 的特征图。

3）大小为 $14^2 \times 512$ 的特征图通过大小为 3×3 的卷积核，步数为 2，维度扩充为 512 的转置深度可分离卷积后变为大小为 $28^2 \times 512$ 的特征图，接下来经过 384 个大小为 1×1 的卷积层后，与 Res2net_block 层池化前所输出的特征图经过 Dropout 后相加，得到大小为 $28^2 \times 768$ 的特征图，最后经过 384 个大小为 1×1 的卷积层后输出 $28^2 \times 384$ 的特征图。

4）大小为 $28^2 \times 384$ 的特征图通过大小为 3×3 的卷积核，步数为 2，维度扩充为 384 的转置深度可分离卷积后变为大小为 $56^2 \times 384$ 的特征图，接下来经过 256 个大小为 1×1 的卷积层后，与 Convolution_block3 中 BN 层所输出的特征图经过 Dropout 后相加，得到大小为 $56^2 \times 512$ 的特征图，最后经过 256 个大小为 1×1 的卷积层后输出大小为 $56^2 \times 256$ 的特征图。

5）大小为 $56^2 \times 256$ 的特征图通过大小为 3×3 的卷积核，步数为 2，维度扩充为 256 的转置深度可分离卷积后变为大小为 $112^2 \times 256$ 的特征图，接下来经过 128 个大小为 1×1 的卷积层后，与 Convolution_block2 中 BN 层所输出的特征图经过 Dropout 后相加，得到大小为 $112^2 \times 256$ 的特征图，最后经过 128 个大小为 1×1 的卷积层后输出大小为 $112^2 \times 128$ 的特征图。

6）大小为 $112^2 \times 128$ 的特征图通过大小为 3×3 的卷积核，步数为 2，维度扩充为 256 的转置深度可分离卷积后变为大小为 $224^2 \times 128$ 的特征图，然后经过 64 个大小为 1×1 的卷积层后输出大小为 $224^2 \times 64$ 的特征图。

7）大小为 $224^2 \times 64$ 的特征图通过大小为 3×3 的卷积核，步数为 2，维度扩充为 32 的普通卷积后变为大小为 $224^2 \times 32$ 的特征图，接下来经过 2 个大小为 3×3 的卷积核进行维度压缩变为大小为 $224^2 \times 2$ 的特征图，随后经过 1 个大小为 3×3 的卷积核，激活函数变为 Sigmoid 的卷积层，输出大小为 $224^2 \times 1$ 的分割图像，最后经过条件随机场进行后处理得到所需的语义分割图像。

5.4.3 试验设计与分析

1. 模型的训练与参数设置

本节仿真过程中的硬件和软件环境与第 4 章相同。训练使用的试验数据为第 3 章构建的煤岩图像语义分割数据集，并采用自适应学习算法 Adam 来对模型进行训练，训练网络模型的超参数设置见表 5-10。

表 5-10 训练网络模型的超参数设置

参数	数值
初始学习率	0.001
Batch Size	32
Epoch	200
损失函数	交叉熵

传统的随机梯度下降算法和 Adam 算法不一样，随机梯度下降算法在网络模型训练过程中学习率保持不变，同时对所有的权重进行更新；通过随机梯度的一阶矩估计和二阶矩估计，Adam 为不同的参数设计各自的自适应性学习率。图 5-24 所示为 CRSnet 网络模型的训练曲线，图 5-24a、b 分别为在 Adam 算法下进行训练时准确率和损失函数的变化曲线。

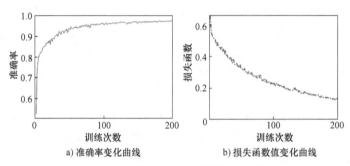

a) 准确率变化曲线　　　　b) 损失函数值变化曲线

图 5-24　CRSnet 网络模型训练曲线

2. 试验结果与分析

为了测试与分析本节设计的 CRSnet 网络模型在煤岩图像分割中的应用效果，选择常用的 FCN 网络模型、SegNet 网络模型和 U-net 网络模型进行对比分析。

（1）主观分析　煤岩混合图像语义分割数据集预处理后的图像大小为 224×224，测试集中有 1000 张图像。由于篇幅有限，随机选取 10 组不同煤岩混合图像分别在 CRSnet 网络模型、FCN 网络模型、SegNet 网络模型和 U-net 网络模型下进行语义分割后，其结果如图 5-25 所示。为了方便展示，将分割结果的二值化图像

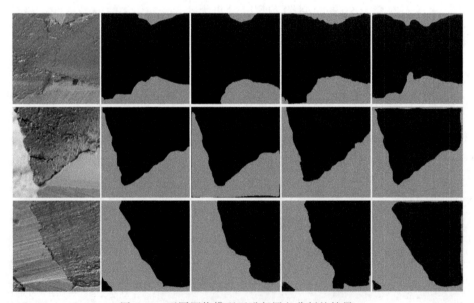

图 5-25　不同网络模型下进行语义分割的结果

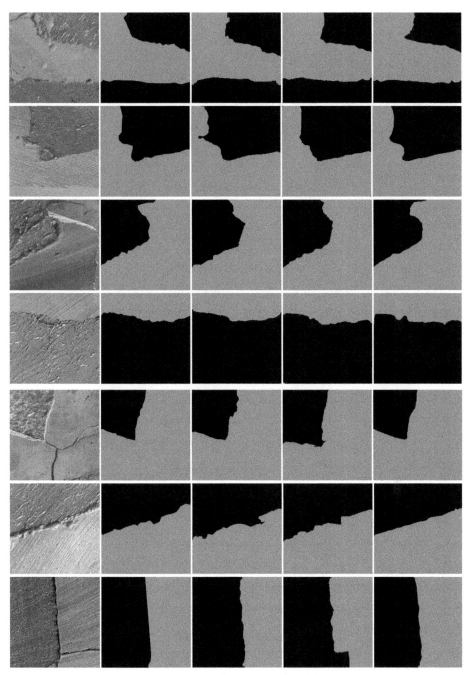

图 5-25 不同网络模型下进行语义分割的结果（续）

中白色区域转化为红色（图中灰色）；从左至右分别为：输入图像、CRSnet 语义分割结果、FCN 语义分割结果、SegNet 语义分割结果和 U-net 语义分割结果。

可以看出，所有网络模型语义分割的结果中都可以清楚地区分出煤岩混合图像中煤和岩石的大致区域；但是对于煤和岩石的交界处，CRSnet 网络模型和 U-net 网络模型的分割结果更准确，与输入的煤岩混合图像中的边界能够很好地拟合。下面将对语义分割后的结果进行客观分析。

（2）客观分析　首先记录了每个网络模型在进行语义分割时所用的时间，对其取平均值，同时查看网络模型所占的内存，其结果见表 5-11。

表 5-11　不同网络模型的内存及测试时间对比

试验网络	所占内存/MB	测试用时/(ms/张)
CRSnet	35	36.45
FCN	1458	57.63
U-net	355	39.42
SegNet	338	46.38

就网络模型所占的内存大小而言，本节设计的 CRSnet 网络模型只有 35MB。与其他网络模型相比，所需内存大大减少，这是由于使用转置深度可分离卷积减少了模型的参数数量；并且 CRSnet 的网络层数相对其他网络模型少，所以其后续的测试用时也更少。

评估语义分割结果时，评价指标一般来说选取像素准确度（Pixel Accuracy，PA）和交并比（Intersection over Union，IoU）进行分析。

像素准确度 PA 表示正确分割图像的像素数量与像素总数之间的比率

$$PA = (\sum_{i=1}^{K} n_{ii})/(\sum_{i=1}^{K} t_i) \tag{5-20}$$

交并比 IoU 表示分割结果与原始图像真值的重合程度，在目标检测中可以理解为系统预测的检测框与原图片中标记检测框的重合程度

$$IoU = \sum_{i=1}^{K} \frac{n_{ii}}{t_i + \sum_{i=1}^{K}(n_{ji} - n_{ii})} \tag{5-21}$$

式中，K 是图像像素的类别的数量；t_i 是第 i 类像素的总数；n_{ii} 是实际类型为 i、预测类型为 i 的像素总数；n_{ji} 是实际类型为 i、预测类型为 j 的像素总数。

在本节的语义分割任务中，选取 PA 和 IoU 来对 CRSnet 网络模型进行语义分割的图像进行评估，PA 和 IoU 的评估得分见表 5-12 和表 5-13。

表 5-12　PA 的评估得分

序号	CRSnet	FCN	SegNet	U-net
1	90.85%	90.86%	90.70%	95.19%
2	91.77%	80.29%	92.44%	94.60%
3	92.24%	95.12%	87.93%	96.20%
4	95.06%	95.06%	93.22%	97.70%

（续）

序号	CRSnet	FCN	SegNet	U-net
5	95.42%	96.42%	94.80%	94.24%
6	91.27%	86.51%	89.55%	92.96%
7	93.71%	96.64%	95.13%	97.55%
8	94.17%	87.30%	93.09%	95.02%
9	94.49%	95.48%	92.92%	97.92%
10	94.18%	87.31%	92.19%	96.67%
平均值	93.31%	91.10%	92.20%	95.81%

表 5-13 *IoU* 的评估得分

序号	CRSnet	FCN	SegNet	U-net
1	83.57%	83.56%	82.43%	87.61%
2	87.79%	85.05%	90.75%	89.65%
3	88.69%	86.84%	82.80%	92.55%
4	94.07%	85.25%	92.34%	95.37%
5	94.36%	96.32%	94.23%	85.99%
6	86.92%	80.58%	85.69%	86.80%
7	90.58%	90.57%	95.53%	94.21%
8	92.39%	87.58%	92.21%	90.42%
9	92.53%	95.42%	90.87%	95.24%
10	92.34%	93.31%	90.41%	93.45%
平均值	90.32%	88.45%	89.72%	91.13%

通过像素准确度和交并比的计算可以发现，CRSnet 网络模型的像素准确度的平均值为 93.31%，交并比的平均值为 90.32%，CRSnet 网络模型的表现在所有的网络模型中排名第二，略低于第一名 U-net。但是对网络模型的所占内存的大小及测试用时来进行分析，CRSnet 网络模型表现最优，进行语义分割时间最短。综上分析，CRSnet 网络模型的综合分割性能最好，具有更大的实际应用价值。

5.5 基于激光扫描的综采工作面煤岩识别流程

激光扫描技术具有数字化、自动化、高效率、高精度和非接触测量等特点，可以快速、精确获取物体表面的空间坐标、强度等信息，已被广泛应用于逆向工程、矿山勘测和文物古迹保护等领域。通过激光扫描技术获取、分析综采工作面煤岩截割表面的激光点云数据，对确定煤、岩石的分布情况具有重要的研究意义。

5.5.1 激光扫描技术

1. 激光扫描原理

激光扫描系统由激光雷达、计算机设备、数据处理软件和辅助设备四部分构成。其中激光雷达主要由激光发射器、接收器、反射棱镜、马达、编码器和微处理器等组成；计算机设备通常用来控制激光雷达、传递数据和存储数据等；数据处理软件由激光扫描仪厂商开发，主要用于对获取的点云数据进行处理分析；辅助设备协助激光雷达工作。

马达带动反射棱镜旋转，改变激光扫描的方向，使得激光脉冲依次扫过被测物体。根据飞行时间法或相位法，精确测量每束激光脉冲从发出到返回接收器所使用的时间或相位变化，从而实现对距离的测算。激光脉冲的发射角度和经过反射棱镜后偏转的角度会被激光雷达内部的编码器记录，通过精确计算得到被测物体表面点的三维空间坐标。激光扫描原理如图 5-26 所示。

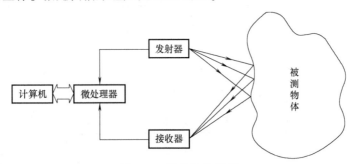

图 5-26　激光扫描原理

激光雷达获取被测物体的空间三维坐标是以激光光源为原点 O，以竖直向上作为 Z 轴正向，以水平发射方向作为 Y 轴正向，X 轴、Y 轴与 Z 轴构成右手坐标系，激光扫描坐标系如图 5-27 所示。

若激光光源 O 到被测物体上某一点 Q 的距离为 l，根据激光雷达的横向扫描角 α 和纵向扫描角 β，可计算求得点 Q 的空间坐标 Q (X, Y, Z)

$$\begin{cases} X = l\cos\beta\sin\alpha \\ Y = l\cos\beta\cos\alpha \\ Z = l\sin\beta \end{cases} \qquad (5\text{-}22)$$

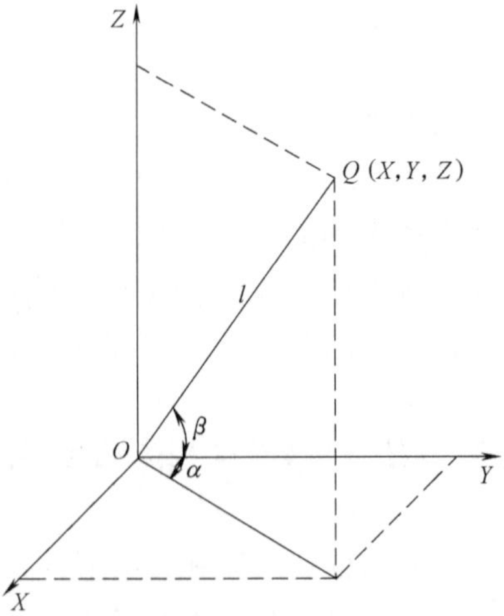

图 5-27　激光扫描坐标系

2. 不同材质的反射率

激光雷达正常工作的前提是要求被测物体的材质具有漫反射条件，当激光照射被测物体的表面时，激光脉冲与物体表面的微观粒子发生能量交换，物体表面吸收和反射激光脉冲。若激光雷达发射出的能量为 P_1，被测物体表面返回的激光能量为 P_2，则被测物体的反射率 R 为

$$R = \frac{P_2}{P_1} \times 100\% \qquad (5\text{-}23)$$

当反射率为 0 时，被测物体是绝对的黑体，激光雷达发射出的激光被完全吸收，无法反射回来，此时激光雷达无法获得数据。另外，并不是反射率越大越好，当反射率>100％时，如镜面等，环境光、激光雷达发出的激光被反射回到激光光源，造成曝光过度，测量误差较大。当测量距离较远时，激光脉冲在发射、接收过程中会有损失，此时可采用反射板辅助，弥补能量损失。常见不同材质物体的反射率见表 5-14。

表 5-14　常见不同材质物体的反射率

序号	材质	反射率
1	黑色泡沫橡胶	2.4%
2	黑色布料	3%
3	黑色橡胶	4%
4	煤（不同煤有所差异）	4%~8%
5	黑色卡纸	10%
6	干净粗木板	20%
7	报纸	55%
8	包装箱硬纸板	68%
9	不透明白色塑料	87%
10	白色卡纸、白墙	90%
11	柯达标准白板	100%
12	未抛光白色金属表面	130%
13	不锈钢	200%
14	反射板、反射胶贴	>300%

从表中我们可以看出，煤的反射率为 4%~8%，除了较少的黑色材质的反射率低于 10％，其他材质的反射率均大于 10％，因此利用激光扫描技术对综采工作面的煤岩识别进行研究具有可行性。

5.5.2　基于激光扫描的综采工作面煤岩识别流程

激光雷达采集的综采工作面煤岩截割表面的激光点云数据传输给煤岩识别装置，并在数据处理模块中精简和分割点云数据，准确识别煤岩分布情况。综采工作面煤岩识别流程如图 5-28 所示。

通过激光雷达采集煤岩截割表面的激光点云数据，利用体素栅格精简法初步精简点云数据，研究基于八叉树的 K-Means 聚类方法，限定初始聚类中心，利用 k-

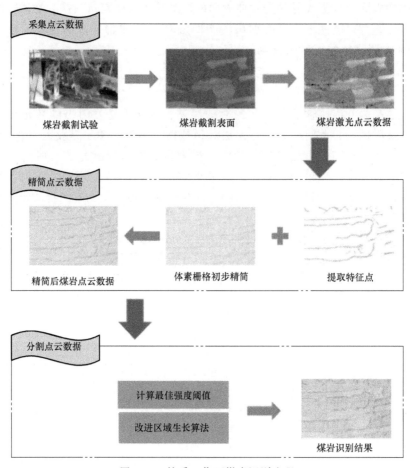

图 5-28 综采工作面煤岩识别流程

d 树法快速搜索点云数据的邻域关系，并结合最小二乘法获取邻域法向量和曲率信息，保留每个聚类中位于特征区域的特征点，将特征点与初步精简后的点云数据融合，实现煤岩激光点云数据的精简。最后利用基于改进的区域生长算法完成对煤岩激光点云数据的分割，实现对综采工作面煤岩的准确识别。

5.6 煤岩截割表面激光点云数据的精简

激光雷达在快速高效地获取煤岩截割的表面激光点云数据时，点云数据中会存在大量冗余数据，使计算机运算效率低下。因此，有必要对采集到的煤岩激光点云数据进行精简处理。点云数据的精简方法主要有两种：①基于点的精简方法，先构建点的邻域关系，然后计算出每个点的几何特征信息并以此来精简点云数据；②基于三角网格的精简方法，先进行三角剖分构建网格，然后根据网格中三角形的关系，删除冗余的三角面片，以达到精简点云数据的目的。虽然通过构建三角网格可以准确表示出点云数据的几何特征，但由于获取的煤岩激光点云数据十分庞大，在构建三角形网格的过程中会耗费大量的时间。因此，本节在基于点的精简方法的基础上，提出了基于特征点保留的煤岩激光点云数据精简方法。

5.6.1 经典的点云数据精简方法

基于点的精简方法主要有随机精简法、体素栅格精简法和曲率精简法等，接下来将对这几种精简方法进行简单介绍。

1. 随机精简法

随机精简法比较简单，随机选取点云数据中的点并删除，直到剩余的点云数据量达到了预设的简度。随机精简法易于实现，不需要进行复杂的运算，在对原始点云数据精简时，运算效率较高。但其缺点也比较明显，在对点云数据进行精简时没有一定的规则，完全是随机删除，会导致特征点被删除，无法保证精简后的精度，进而影响到后续点云数据分割的准确性。因此，随机精简法经常被用在初步精简中，即先设定较大的简度，使用此方法来进行初步精简，然后再配合其他精简方法来对点云数据进行进一步精简，实现较小的简度。

2. 体素栅格精简法

体素栅格精简法相对于随机精简法有一定的规律，通过创建体素栅格来对需要精简的点加以限定，达到精简的目的。根据原始点云数据在坐标轴上的最小值和最大值，创建一个能够包含全部点云数据的最小包围盒。在创建最小包围盒时，有部分点在包围盒的面、棱和顶点上，使这些点的分类不明确，所以需要对最小包围盒进行拓展，在最小包围盒的 x 轴、y 轴和 z 轴方向上分别加上一个拓展尺寸。然后根据设定的简度对包围盒均匀细分，得到多个体素栅格，计算体素栅格内每个点到体素栅格中心的距离，保留最近的点，删除其他点，实现对点云数据的精简。

体素栅格精简法具有实现简单、精简效率高等优点，根据设定的简度要求也可以保留一定数量的特征点。但是体素栅格精简法没有考虑到点云的密度和几何特征信息，在点云密度较小、特征点分布较多的地方容易造成点云数据的空洞和误删特征点等现象。

3. 曲率精简法

随着激光扫描技术的进一步发展，获取几何特征信息日趋复杂的点云数据成为可能，这也对点云精简精度的要求有了很大的提高。简单的点云数据精简方法会造成大量的几何特征信息丢失，不能保留足够的特征点，无法满足实际的需求。针对这种情况，有学者提出了曲率精简法。曲率精简法的原理是，首先构建邻域内点与点之间的拓扑结构关系，通过此拓扑关系拟合出一个近似的曲面，然后计算曲率。曲率反映了曲面的弯曲程度，在曲率大的区域保留较多的点，这样可以实现在精简的过程中保护特征点不被删除。曲率的计算过程如下：

假设距离 p 点半径为 r 内的 k 个点构成的点集为 $q_i = \{q_0, q_1, q_2, \cdots, q_{k-1}\}$，其中 $k>2$。根据点集 q_i 拟合出一个曲面 $z(x, y)$，则曲面 $z(x, y)$ 的表达式为

$$z(x,y) = ax^2 + bxy + cy^2 \tag{5-24}$$

若使拟合的曲面最优，则需使目标函数 Q^2 满足

$$Q^2 = \sum_{i=1}^{k}(ax_i^2 + bx_iy_i + cy_i^2 - z_i)^2 \rightarrow \min \tag{5-25}$$

要想使得目标函数 Q^2 的取值最小，分别对 a、b、c 求偏导数，得

$$\begin{cases} \dfrac{\partial Q^2}{\partial a} = \sum_{i=1}^{k} 2x_i^2(ax_i^2 + bx_iy_i + cy_i^2 - z_i) = 0 \\ \dfrac{\partial Q^2}{\partial b} = \sum_{i=1}^{k} 2x_iy_i(ax_i^2 + bx_iy_i + cy_i^2 - z_i) = 0 \\ \dfrac{\partial Q^2}{\partial c} = \sum_{i=1}^{k} 2y_i^2(ax_i^2 + bx_iy_i + cy_i^2 - z_i) = 0 \end{cases} \tag{5-26}$$

求解可得出曲面 $z(x, y)$ 的系数，将 $z(x, y)$ 写成曲面参数方程形式

$$\boldsymbol{r}(x,y) = \begin{cases} X(x,y) = x \\ Y(x,y) = y \\ Z(x,y) = ax^2 + bxy + cy^2 \end{cases} \tag{5-27}$$

若 $\boldsymbol{r}$ 是曲面 $\boldsymbol{r}(x, y)$ 上的一条曲线，则 $\boldsymbol{r}$ 的表达式为

$$\boldsymbol{r} = \boldsymbol{r}(x(t), y(t)) \tag{5-28}$$

若曲线 $\boldsymbol{r}$ 的弧长用 s 表示，则通过求导可得到弧长微分公式

$$(ds)^2 = (d\boldsymbol{r})^2 = (\boldsymbol{r}_x dx + \boldsymbol{r}_y dy)^2 = \boldsymbol{r}_x^2(dx)^2 + 2\boldsymbol{r}_x \cdot \boldsymbol{r}_y dxdy + \boldsymbol{r}_y^2(dy)^2 \tag{5-29}$$

由曲面的第一基本公式可得

$$(ds)^2 = I = E(dx)^2 + 2Fdxdy + G(dy)^2 \tag{5-30}$$

点 P 为曲线 $\boldsymbol{r}$ 上的一点，$\boldsymbol{n}$ 代表 P 点的单位法向量，$\boldsymbol{t}$ 代表单位切向量，$\boldsymbol{k}$ 代表曲率向量，则有

$$\boldsymbol{k} = \frac{d\boldsymbol{t}}{ds} = k_n\boldsymbol{n} + k_g(\boldsymbol{n} \times \boldsymbol{t}) \tag{5-31}$$

曲线的单位法向量 $\boldsymbol{n}$ 表示为

$$\boldsymbol{n} = \frac{\boldsymbol{r}_x \times \boldsymbol{r}_y}{|\boldsymbol{r}_x \times \boldsymbol{r}_y|} \tag{5-32}$$

可以推出，曲面的第二基本公式为

$$II = -d\boldsymbol{r} \cdot (-d\boldsymbol{n}) = L(dx)^2 + 2Mdxdy + N(dx)^2 \tag{5-33}$$
$$L = \boldsymbol{r}_{xx} \cdot \boldsymbol{n}, M = \boldsymbol{r}_{xy} \cdot \boldsymbol{n}, N = \boldsymbol{r}_{yy} \cdot \boldsymbol{n}$$

主曲率可表示为

$$k = \frac{II}{I} = \frac{L + 2M\lambda + N\lambda^2}{E + 2F\lambda + G\lambda^2}$$

$$\lambda = \frac{\mathrm{d}y}{\mathrm{d}x} \qquad (5\text{-}34)$$

通过处理变量 λ，可得到主曲率 k_1、k_2，从而求得点云数据的平均曲率 H

$$H = \frac{1}{2}(k_1 + k_2) = \frac{EN - 2FM + GL}{2(EG - F^2)} \qquad (5\text{-}35)$$

通过曲率可以确定的点云的局部曲面类型见表 5-15。

表 5-15　点云的局部曲面类型

序号	曲面类型	k	几何描述
1	峰	均大于 0	点在所有方向上局部为凸
2	脊	一个主方向上等于 0，其余大于 0	点局部为凸，在一个方向上为平
3	鞍形脊	有大于 0，也有小于 0，大于 0 的部分多	点在大部分方向上局部为凸，在小部分方向上为凹
4	极小曲面	有大于 0，也有小于 0，各占一半	点的局部为凸凹分布各半
5	平面	均等于 0	平面
6	阱	均小于 0	点在所有方向上局部为凹
7	谷	一个主方向等于 0，其余小于 0	点局部为凹，在一个主方向上为平
8	鞍形谷	有大于 0，也有小于 0，小于 0 的部分多	点在大部分方向上局部为凹，在小部分方向上为凸

曲率精简法可以充分保留点云数据的几何特征信息，并可以达到一定的简度。但是，在区分是否为点云数据的特征点时，曲率阈值的设定起到了决定性作用，设置太大就会造成过度精简和部分特征点缺失；设置太小又达不到预期的精简率，影响后续点云数据分割的效果。

5.6.2　基于特征点保留的煤岩激光点云数据精简方法

本文针对煤岩激光点云数据中包含的几何特征信息众多，经典的点云数据精简方法在满足简度的同时，精度达不到要求的问题，提出一种基于特征点保留的煤岩激光点云数据精简方法。以八叉树构建空间索引结构来对 K-Means 聚类方法的初始聚类中心加以限定，并通过法向量和曲率信息识别和保留特征点，保护原始点云数据中的几何特征信息。

1. 基于八叉树的 K-Means 聚类方法

经典 K-Means 聚类方法实现起来简单，聚类效果较优，应用范围广。但其 K 个初始聚类中心是随机的，若选取的过于集中，就会进行多次运算，导致效率降低，收敛速度慢。每次选取的 K 个初始聚类中心不同，会出现不同的聚类结果，不能达到预期的效果。因此，本节通过八叉树法对 K-Means 的初始聚类中心加以限定。

八叉树法获取聚类中心的过程与构建体素栅格的过程类似，根据原始点云数据在 x 轴、y 轴和 z 轴上的最大值和最小值，创建一个立方体作为根节点，将其均匀切分成 8 个相同的小立方体，称为子节点。按照此切分规则，依次对形成的小立方体进行切分，直到满足停止切分的条件，最终无法继续切分的节点称为叶节点。一般而言，设置八叉树停止切分的方法有两种，一种是通过设置切分形成叶节点尺寸的大小，另一种是设置叶节点内至少包含点的数目，本节采用第一种方法。最后计算每个叶节点内所有体素的重心，将重心提取出来，作为 K-Means 聚类方法的初始聚类中心。利用八叉树法进行切分的示意图如图 5-29 所示。

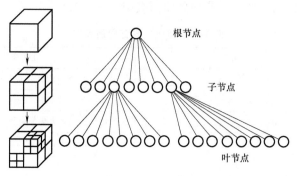

图 5-29　利用八叉树法切分的示意图

基于八叉树的 K-Means 聚类方法步骤如下：

1）设置八叉树叶节点尺寸，获取 K 个初始聚类中心。

2）计算每个点与聚类中心的距离，将每个点与最近的聚类中心归为一类。

3）计算 K 个初始聚类中心的重心，作为新的聚类中心。

4）重复步骤 2）、3），直到聚类中心不再变化。

5）聚类结束。

基于八叉树的 K-Means 聚类方法的流程图如图 5-30 所示。

2. k-d 树构建索引结构

本质上说，k-d 树是利用平衡二叉树索引方法，实现在高维空间的延伸，完成对特定高维空间内部的划分，形成多个子空间。

本节通过二维数据集来简单介绍构建 k-d 树的过程和原理。假设有 6 个数据点在平面二维空间内，通过计算可以得到这 6 个数据点在平面直角坐标系 x 轴和 y 轴的方差值 S_x^2

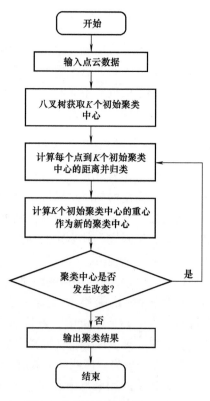

图 5-30　基于八叉树的 K-Means
聚类方法的流程图

和 S_y^2 分别是 34.84，26.84。方差值大小反映了该数据集在平面直角坐标系 x 轴和 y 轴上分布的离散程度，S_x^2 大于 S_y^2，则数据集在 x 轴方向上的离散度大，以数据集中 x 轴坐标的中值点作为切分点，过数据点 D 创建一条平行于 y 轴的分割线，点 A、B、F 在分割线左侧，点 E、C、D 在右侧。重新计算两侧数据点在 x 轴和 y 轴的方差值，选择新的分割线，直至数据点均被分隔开。k-d 树切分过程如图 5-31 所示。

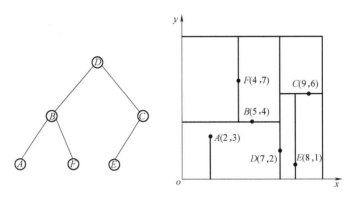

图 5-31 k-d 树切分过程

在三维点云数据中构建 k-d 树的方法与在二维平面中数据集的构建方法类似，基本流程如下：

1）计算出点云数据在空间坐标系 x 轴、y 轴和 z 轴上的方差 S_x^2、S_y^2 和 S_z^2，见式（5-36），根据三个轴上方差值的大小，选择方差值最大的坐标轴维度作为切分依据。

$$\begin{cases} S_x^2 = \dfrac{1}{N} \sum_{i=1}^{N} \left(x_i - \dfrac{1}{N} \sum_{i=1}^{N} x_i \right)^2 \\[2mm] S_y^2 = \dfrac{1}{N} \sum_{i=1}^{N} \left(y_i - \dfrac{1}{N} \sum_{i=1}^{N} y_i \right)^2 \\[2mm] S_z^2 = \dfrac{1}{N} \sum_{i=1}^{N} \left(z_i - \dfrac{1}{N} \sum_{i=1}^{N} z_i \right)^2 \end{cases} \quad (5\text{-}36)$$

2）将点云数据按照步骤 1）所确定最大方差值的坐标轴维度进行排序，找到该序列的中值所对应的点作为切分节点，创建一个经过切分节点且垂直于该坐标轴的切分平面，将点云数据切分为两个子空间。

3）对新切分的两个子空间，重复步骤 1）和 2），直到每一点都加入到 k-d 树中。

k-d 树法可以实现对点云数据的近邻快速搜索，通常使用的搜索方式有两种：搜索距离某一点最近的 k 个点（KNN）和搜索距离某一点半径为 r 内的所有点

（FDN）。FDN 在创建索引结构的过程中方法性能好、速度快、适应性强，因此本节选用 FDN 搜索方式。

3. 计算几何特征信息参数

由于在点云数据中，点与点之间没有相互关联，因此在提取点云数据的几何特征时，一般通过构建 k-d 树来实现点云数据邻域关系的快速搜索，再利用邻域关系计算表征点云数据几何特征信息的参数，而这些参数中最常用的就是法向量和曲率。

法向量和曲率可以由曲面重建和局部邻域信息两种方法得出，由于曲面重建会消耗大量的时间，运算量大，一般只在点云数据量较少的时候使用，因此本节根据点云的局部邻域信息，估算出法向量和曲率。

原始点云数据量庞大，整体计算会导致效率低下，可通过最小二乘法拟合邻域点集的平面，以平面法向量作为所求点的法向量，计算过程如下：

若距离 p 点半径 r 内的 k 个点的点集为 $q_i = \{q_0, q_1, q_2, \cdots, q_{k-1}\}$，其中 $k > 2$。点集 q_i 的重心 $G(\overline{x}, \overline{y}, \overline{z})$ 的坐标由式（5-37）计算得出

$$\begin{cases} \overline{x} = \dfrac{1}{k} \displaystyle\sum_{i=0}^{k-1} x_i \\[2mm] \overline{y} = \dfrac{1}{k} \displaystyle\sum_{i=0}^{k-1} y_i \\[2mm] \overline{z} = \dfrac{1}{k} \displaystyle\sum_{i=0}^{k-1} z_i \end{cases} \tag{5-37}$$

根据点集 q_i 拟合出一个平面 S，则平面 S 的表达式为

$$A(x_i - \overline{x}) + B(y_i - \overline{y}) + C(z_i - \overline{z}) = 0 \tag{5-38}$$

为了便于计算，对点集 q_i 进行去中心化处理，得到点集 q_j

$$\begin{cases} x_j = x_i - \overline{x} \\ y_j = y_i - \overline{y} \\ z_j = z_i - \overline{z} \end{cases} \tag{5-39}$$

式（5-38）可表示为

$$A(x_j) + B(y_j) + C(z_j) = 0 \tag{5-40}$$

要获得最佳拟合平面，则需要目标函数 W 满足

$$W = \sum_{j=1}^{k} (Ax_j + By_j + Cz_j)^2 \rightarrow \min \tag{5-41}$$

欲使得目标函数 W 的取值最小，分别对 A、B、C 求偏导数，得

$$\begin{pmatrix} \sum\limits_{j=1}^{k} x_j^2 & \sum\limits_{j=1}^{k} x_j y_j & \sum\limits_{j=1}^{k} x_j z_j \\ \sum\limits_{j=1}^{k} x_j y_j & \sum\limits_{j=1}^{k} y_j^2 & \sum\limits_{j=1}^{k} y_j z_j \\ \sum\limits_{j=1}^{k} x_j z_j & \sum\limits_{j=1}^{k} y_j z_j & \sum\limits_{j=1}^{k} z_j^2 \end{pmatrix} \begin{pmatrix} A \\ B \\ C \end{pmatrix} = \xi \begin{pmatrix} A \\ B \\ C \end{pmatrix} \tag{5-42}$$

求解协方差矩阵的三个特征值 ξ_0、ξ_1、ξ_2 和特征向量，最小特征值 ξ_0 的特征向量 $(A_0，B_0，C_0)^{\mathrm{T}}$ 即为 p 点的法向量。

点云数据的曲率信息通过本章 5.6.1 节的计算方法得出。

4. 煤岩激光点云数据精简方法流程

现有的点云精简方法对煤岩激光点云数据精简后会造成大量几何特征信息丢失，因此，本节设计了一种基于特征点保留的煤岩激光点云数据精简方法。从保护煤岩激光点云数据中几何特征信息的角度出发，采用体素栅格精简法先进行初步精简，再用八叉树法获取 K-Means 的初始聚类中心，并进行聚类，通过法向量和曲率信息来对特征点进行识别，将特征点与初步精简后的点云数据融合，实现对几何特征信息的保护，提高对煤岩激光点云数据精简的精度。具体的方法流程如下：

1）输入煤岩激光点云数据。

2）利用体素栅格精简法进行初步精简煤岩激光点云数据。

3）采用 k-d 树法构建空间邻域关系并利用最小二乘法估计原始点云数据的法向量和曲率信息。

4）根据原始煤岩激光点云数据和精简率的要求，设置八叉树叶节点尺寸大小，提取原始煤岩点云数据的 K 个聚类中心。

5）完成聚类，在每个聚类中以曲率值最小的点作为基准点 $p_0(x_0，y_0，z_0)$，设置法向量夹角阈值 δ，计算同一聚类内基准点与其他点 $p_i(x_i，y_i，z_i)$ 的法向量夹角 δ_i

$$\delta_i = \arccos \frac{x_0 x_i + y_0 y_i + z_0 z_i}{\sqrt{x_0^2 + y_0^2 + z_0^2}\sqrt{x_i^2 + y_i^2 + y_i^2}} \tag{5-43}$$

若 $\delta_i > \delta$，则将该点作为特征点保存下来。

6）最后将所有特征点加入初步精简后的点云数据中，完成精简工作。

煤岩激光点云数据精简流程图如图 5-32 所示。

5.6.3　点云数据精简效果的评价指标

煤岩激光点云数据具有丰富的几何特征，在对点云数据精简的过程中，需要保护几何特征信息，使得点云数据的精简量和几何偏差达到较好的平衡。因此，简度

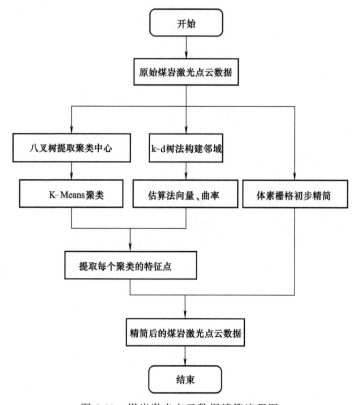

图 5-32　煤岩激光点云数据精简流程图

和精度是两个评价依据。

1）简度是精简后的点云数据量占精简前的比重。在精简时，不能一味地追求简度，过度精简会导致点云数据中的几何特征信息的缺失。因此，对点云数据的精简要结合实际需求，在精度允许的范围内完成。简度 Sim 的计算公式为

$$Sim = \frac{S_1}{S_0} \times 100\% \qquad (5-44)$$

式中，S_1 是精简后的点云数据量；S_0 为原始点云数据量。

2）精度：即精简完成后的点云数据与原始点云数据相比，丢失了多少几何特征信息，一般通过计算精简前后两组点云数据的空间位置偏差来评估，偏差越小，则精度越高，该点云数据精简方法也就越好。

5.7　基于激光点云数据的煤岩识别

基于激光点云数据的煤岩识别方法是将具有煤或岩特征信息的点云数据分割成互不相交的集合，从而实现对综采工作面的煤岩识别。针对传统的区域生长算法对

煤岩激光点云数据分割时，由于只考虑到点云数据的几何特征信息，无法准确识别煤岩的问题，本节利用煤岩激光点云数据的强度值，补充区域生长算法的生长法则，提高煤岩识别的准确率。在获取煤岩激光点云数据的最佳强度值时，比较了一维大津法和二维大津法的优劣，针对二维大津法计算时间长、效率低下的问题，本节使用蚁群算法来优化二维大津法，提高二维大津法计算最佳强度阈值的效率，同时对蚁群算法加以改进，提高蚁群算法在寻优过程中的收敛速度和搜索能力。

5.7.1　传统区域生长点云分割算法

传统的区域生长算法（Region Growing，RG）对点云数据分割的基本思想是利用法向量作为判别依据，将满足要求的点云数据聚为一类。随机选取点云数据中一个点作为种子点，确定生长法则，将这些具有相似特征信息的点与种子点合并为一类进行生长，直到点云数据中没有其他满足特征条件的点加入到该类中，这样就实现了一个区域的生长。重复上述过程，直到所有的点都确定了自己所在的类。

传统的区域生长算法实现步骤如下：

1）随机选取煤岩激光点云数据中一个未归类的点作为初始种子点。

2）计算种子点、邻域内各点的法向量。

3）将与种子点法向量夹角小于阈值的点归入种子点所在的类。

4）以归入的点为新种子点，重复步骤2）、3），直到没有新的点归入该类，此聚类生长完毕。

5）重复以上步骤，直到所有点都确定了自己所在的类，算法结束。

传统的区域生长算法能够保持各个聚类的边界特性，因而被广泛使用。但它同时也存在着一些问题：

1）初始种子点是随机选择的，在特征信息较多的情况下，可能会导致分割的结果不一致。

2）对于煤岩激光点云数据来说，依靠法向量信息仅能分割出煤层和岩层的边界，无法识别出边界两边是煤层还是岩层。同时，当煤层和岩层的表面比较平缓时，煤层和岩层可能会归为一类，造成欠分割问题。

3）区域生长算法分割完成后，未对各个聚类点的数目加以规定，可能存在每个聚类的点数过少、聚类数目过多的现象，造成过分割问题。

5.7.2　煤岩激光点云数据的最佳强度阈值确定

针对传统的区域生长算法在分割过程中存在的问题，同时结合实际中煤岩激光点云数据的特点，本节将煤岩激光点云数据的强度信息与传统区域生长点云分割算法结合起来，使其适用于煤岩激光点云数据的分割，分割结果更加准确稳定，因此在生长过程中，首先需要确定最佳强度阈值来补充区域生长的法则。

1. 煤岩激光点云数据的强度值预处理

利用激光扫描技术获取综采工作面煤岩截割表面的激光点云数据，除了空间三维坐标信息，还有激光反射强度信息。理想条件下，在同一个煤岩激光点云数据中，煤层和岩层的强度值分别是在某一个范围内变化的。由表 5-14 可知，黑色材质的反射率一般低于 10%，而岩石不属于黑色材质，其反射率一般大于 10%，因此可以判断煤的反射率要小于岩层的反射率。但在实际扫描过程中，由于受到现场工作环境、扫描仪本身误差的影响，且煤层的表面具有光泽，在某些扫描方向上会反射激光，造成激光雷达扫描到的煤岩激光点云数据中可能会存在部分点云数据的强度值不准确，存在某些点的反射强度过大的现象，这些都不利于实现对煤岩激光点云数据的准确分割。而煤岩激光点云数据的强度信息是利用改进区域生长算法分割过程的一个重要参数，因此在对点云数据进行分割前，有必要对这些点的强度信息进行修正，将这些点的强度值修正为煤层点云强度值范围内的任意值，这样就实现了对煤岩激光点云数据的强度值预处理。

2. 一维大律法

一维大津法（1D OTSU）最初用在二维图像的分割，本节从中获得启发，将一维大津法应用到三维点云数据的处理中[10]。首先对点云数据的强度直方图作一个定义：强度直方图为煤岩激光点云数据中点云强度分布的函数，它表示在点云数据中具有某个强度值的点的个数，反映了点云数据中某个强度值出现的频率。

令 $\{0, 1, 2, \cdots, L-1\}$ 表示一个点总数为 S 的煤岩激光点云数据中的 L 个不同的强度级，n_j 表示点云强度值为 j 的点数目。则点云强度级范围为 $[0, L-1]$ 的直方图是离散函数 $h(r_j)$

$$h(r_j) = n_j \tag{5-45}$$

式中，r_j 是第 k 级强度值；n_j 是点云数据中强度值为 r_j 的点个数。

煤岩激光点云数据中点的总数 S 等于各强度级的点数之和

$$S = n_0 + n_1 + n_2 + \cdots + n_{L-1} \tag{5-46}$$

对点云强度进行归一化处理，归一化的直方图由式（5-47）给出

$$P(r_j) = \frac{n_j}{S} \tag{5-47}$$

$P(r_j)$ 是强度值 r_j 在煤岩激光点云数据中的概率。归一化的强度直方图的所有分量之和应为 1

$$\sum_{j=0}^{L-1} P_j = 1 \tag{5-48}$$

现在，假设选择一个强度阈值 I_k，$0 < k < L-1$，并使用 I_k 对煤岩激光点云数据阈值化处理为 C_0 和 C_1 两类。其中，C_0 由点云数据中强度值在区间 $[0, k]$ 内的所有点组成；C_1 由强度值在区间 $[k, L-1]$ 内的所有点组成。用阈值 I_k，点云数据被分到类 C_0 中的概率 $P_0(k)$ 由式（5-49）给出

$$P_0(k) = \sum_{j=0}^{k} P_j \tag{5-49}$$

这是类 C_0 发生的概率，同理可得，类 C_1 发生的概率为

$$P_1(k) = \sum_{j=k+1}^{L-1} P_j = 1 - P_0(k) \tag{5-50}$$

分配到类 C_0 的所有点的平均强度值为

$$m_0(k) = \sum_{j=0}^{k} jP\left(\frac{j}{C_0}\right) = \sum_{j=0}^{k} \frac{jP\left(\frac{C_0}{j}\right)P(j)}{P(C_0)} = \frac{1}{P_0(k)} \sum_{j=0}^{k} jP_j \tag{5-51}$$

分配到类 C_1 的所有点的平均强度值为

$$m_1(k) = \sum_{j=k+1}^{L-1} jP\left(\frac{j}{C_1}\right) = \frac{1}{P_1(k)} \sum_{j=k+1}^{L-1} jP_j \tag{5-52}$$

点云数据中到 k 级的累加均值（平均强度值）由式（5-53）给出

$$m(k) = \sum_{j=0}^{k} jP_j \tag{5-53}$$

而整个煤岩激光点云数据中的平均强度值 m_G（即全局强度均值）由式（5-54）给出

$$m_G = \sum_{j=0}^{L-1} jP_j \tag{5-54}$$

可以推出

$$P_0 m_0 + P_1 m_1 = m_G$$
$$P_0 + P_1 = 1 \tag{5-55}$$

使用无量纲测度 η 来评价强度阈值为 k 时的"质量"

$$\eta = \frac{\sigma_B^2}{\sigma_G^2} \tag{5-56}$$

式中，σ_G^2 是全局方差（即煤岩激光点云数据中所有点的强度值方差）

$$\sigma_G^2 = \sum_{j=0}^{L-1} (j - m_G)^2 P_j \tag{5-57}$$

σ_B^2 为类间方差，它定义为

$$\sigma_B^2 = P_0(m_0 - m_G)^2 - P_1(m_1 - m_G)^2 \tag{5-58}$$

该表达式还可以写为

$$\sigma_B^2 = P_0 P_1 (m_0 - m_1)^2 = \frac{(m_G P_0 - m)^2}{P_0(1 - P_0)} \tag{5-59}$$

可以看出，m_0 和 m_1 相差越大，σ_B^2 越大。在式（5-57）中，隐含假设了 σ_G^2 是正值，当且仅当煤岩激光点云数据中的所有强度级相同时，这一方差才为零，这

意味着在所有煤岩激光点云数据中仅存在着一类点，它们的强度值相同。

再次引入 k，得到最终结果

$$\eta(k) = \frac{\sigma_B^2(k)}{\sigma_G^2} \tag{5-60}$$

$$\sigma_B^2(k) = \frac{[m_G P_0(k) - m(k)]^2}{P_0(k)[1 - P_0(k)]} \tag{5-61}$$

从而可以确定全局最佳强度阈值是 k^*，它可以最大化 $\sigma_B^2(k)$

$$\sigma_B^2(k^*) = \max_{0 \le k \le L-1} \sigma_B^2(k) \tag{5-62}$$

若存在多个 k^*，则以其平均值作为最佳强度阈值。

利用一维大津法在计算点云数据的最佳强度阈值时采用的是穷举法，需要遍历所有的强度级。激光雷达获取的强度值范围较大，遍历所有的强度级时，计算量较大，效率低下。此外，在实际工作环境中，采集到的煤岩激光点云数据存在噪声，一维大津法，易受噪声影响，在对点云数据分割过程中会出现错误。

3. 二维大津法

针对一维大津法在实际工作中存在的问题，本节采用抗噪能力更强的二维大津法来获取最佳强度阈值[11]，在考虑到点云强度值的同时，兼顾每个点邻域的平均强度值。

二维大津法（2D OTSU）与一维大津法求最佳阈值的思想类似。若一个点总数为 S 的煤岩激光点云数据中有 L 个不同的强度级，则每个点邻域的平均强度值也有 L 个不同的强度级。在煤岩激光点云数据中，某一点的强度值为 i，其邻域的平均强度值为 j，可组成一个二元组 (i, j)，二元组 (i, j) 的个数用 n_{ij} 表示，则二元组对应的概率密度函数 P_{ij} 为

$$P_{ij} = \frac{n_{ij}}{S} \quad i,j = 0,1,2,\cdots,L-1 \tag{5-63}$$

根据概率密度函数 P_{ij} 和二元组 (i, j) 可构造一个二维强度直方图，该直方图可被向量 (u, v) 分成 4 个部分，其平面投影如图 5-33 所示。

A 类代表的是强度值较小且其邻域平均强度值也较小的点，依据煤岩特性可知，此部分的点为煤层点云数据。B 类中的点强度值较大，但其邻域平均强度值较小，这部分的数据可理解为噪声点。同理，D 类中的点强度值较小，但其邻域平均强度值较大，属于噪声点的可能性也比较大。C 类的点强度值较大同时其

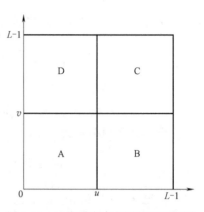

图 5-33　二维强度直方图的平面投影

邻域平均强度值也较大，依据煤岩特性可知，此部分的点为岩层点云数据。

A 类和 C 类出现的概率 P_0、P_1 分别为

$$P_0 = \sum_{i=0}^{u} \sum_{j=0}^{v} P_{ij} = P_0(u,v) \tag{5-64}$$

$$P_1 = \sum_{i=u+1}^{L-1} \sum_{j=v+1}^{L-1} P_{ij} = P_1(u,v) \tag{5-65}$$

A 类和 C 类对应的均值矢量 $\boldsymbol{m}_0$、$\boldsymbol{m}_1$ 分别为

$$\boldsymbol{m}_0 = \left(\sum_{i=0}^{u} \sum_{j=0}^{v} \frac{iP_{ij}}{P_0}, \sum_{i=0}^{u} \sum_{j=0}^{v} \frac{jP_{ij}}{P_0} \right)^{\mathrm{T}} = \left(\frac{m_i(u,v)}{P_0(u,v)}, \frac{m_j(u,v)}{P_0(u,v)} \right)^{\mathrm{T}} \tag{5-66}$$

$$\boldsymbol{m}_1 = \left(\sum_{i=u+1}^{L-1} \sum_{j=v+1}^{L-1} \frac{iP_{ij}}{P_1}, \sum_{i=u+1}^{L-1} \sum_{j=v+1}^{L-1} \frac{jP_{ij}}{P_1} \right)^{\mathrm{T}} \tag{5-67}$$

二维强度直方图上总的强度均值矢量 $\boldsymbol{m}_G$ 为

$$\boldsymbol{m}_G = \left(\sum_{i=0}^{L-1} \sum_{j=0}^{L-1} iP_{ij}, \sum_{i=0}^{L-1} \sum_{j=0}^{L-1} jP_{ij} \right)^{\mathrm{T}} \tag{5-68}$$

与一维大津法类似，可得出

$$P_0 + P_1 = 1$$

$$\boldsymbol{m}_G = P_0 \boldsymbol{m}_0 + P_1 \boldsymbol{m}_1 \tag{5-69}$$

定义 S_B^2 为 A 类与 C 类的一个离散度测试函数，S_B^2 的表达式为

$$S_B^2 = P_0 \left[(m_{0i} - m_{Gi})^2 + (m_{0j} - m_{Gj})^2 \right] + P_1 \left[(m_{0i} - m_{Gi})^2 + (m_{0j} - m_{Gj})^2 \right] \tag{5-70}$$

由式（5-70）进一步简化，得到

$$S_B{}^2 = \frac{[m_{Gi}P_0(u,v) - m_i(u,v)]^2}{P_0(u,v)[1 - P_0(u,v)]} + \frac{[m_{Gj}P_0(u,v) - m_j(u,v)]^2}{P_0(u,v)[1 - P_0(u,v)]} \tag{5-71}$$

从而可以确定最佳强度阈值是 (u^*, v^*)，它可以最大化 S_B^2

$$S_B^2(u^*, v^*) = \max_{0 \leqslant u, v \leqslant L-1} S_B^2(u,v) \tag{5-72}$$

对于 u^* 和 v^*，通常采用二者的平均值作为最佳强度阈值。

二维大津法充分利用了每个点的强度信息和其邻域的平均强度信息，因而比仅利用每个点自身强度信息的一维大津法抗噪声能力更强。但二维大津法计算复杂度高，计算量较一维大津法也增加了很多，效率较低。

5.7.3　改进蚁群算法及其应用

1. 基本蚁群算法

基本蚁群算法是由意大利学者提出的，最初用于求解旅行商问题，后被学者用

于解决函数寻优问题[12]。结合本节研究需要，这里只讨论求最大值问题，具体表述如下：在算法的初始时刻，随机产生 m 只蚂蚁的初始位置，计算出适应度函数 f 的适应度值并设为初始信息素，以当前信息素最大的蚂蚁所在位置为最优位置，分别计算 m 只蚂蚁的转移概率 Q_i

$$Q_i = \frac{T_{\text{best}} - T_i}{T_{\text{best}}} \tag{5-73}$$

式中，T_{best} 是当前信息素最大值；T_i 是当前 m 只蚂蚁各自的信息素。

若 $Q_i > Q_0$，进行局部搜索，搜索步长为 $Step$；反之，则进行全局搜索，搜索步长为 N 倍的 $Step$，N 可以根据实际情况进行调整。Q_0 为转移概率常数，是蚂蚁确定搜索范围的依据。

计算 m 只蚂蚁搜索到新位置的适应度值 f_i，若 $f_i > f_0$，则蚂蚁移动到该位置；若 $f_i \leqslant f_0$，则蚂蚁不移动。

在移动结束后，计算 m 只蚂蚁在更新位置后的信息素 T_i

$$T_i = (1-\rho)T_i' + f_i \tag{5-74}$$

式中，T_i' 是 m 只蚂蚁在更新位置前的信息素；f_i 是 m 只蚂蚁在新位置产生的信息素，与新位置的适应度值一致；ρ 是信息素蒸发系数，$1-\rho$ 则表示信息素持久性系数。因此，ρ 的取值范围是 $0 \sim 1$，表示蒸发程度，反映蚁群中个体之间相互影响的强弱。

在 m 只蚂蚁的信息素更新后，以信息素最大的蚂蚁所在位置为最优位置，重复上述过程，进行迭代优化，直到满足终止条件。

蚁群算法参数少，结构简单，在求解性能上有较强的鲁棒性和搜索较好解的能力。当 ρ 过小时，在迭代初期蚂蚁的信息素比较大，当前最优位置易被多数蚂蚁选择，全局搜索能力差，易陷于局部最优解；当 ρ 过大时，全局搜索能力有了提高，但算法的收敛速度较低，在局部搜索的过程中，使用的是服从均匀分布的步长，会导致迭代后期局部搜索能力差等问题。

2. 蚁群算法改进策略

通过自适应调整信息素蒸发系数 ρ 和增强局部搜索过程中位置的更新效率来对蚁群算法加以改进，具体改进策略是：

1）自适应调整信息素蒸发系数 ρ。算法早期，ρ 较大，收敛速度快，全局搜索能力强；随着迭代次数的增加，信息素蒸发系数 ρ 随之变小，搜索能力逐渐增强。具体通过引入一个权重系数 $\omega(t)$ 来实现信息素蒸发系数的自适应调整

$$\omega(t) = 1 - \frac{t^3}{\left(\frac{G}{2}\right)^3 + t^3} \tag{5-75}$$

式中，t 是当前迭代次数；G 是最大迭代次数。

权重系数变化曲线如图 5-34 所示。在算法迭代初期，权重系数较大，信息素蒸发系数也较大，收敛速度快；在算法迭代中期，权重系数减小，全局搜索加快；在算法迭代后期，权重系数较小，提高局部搜索精度。

调整后的信息素强度更新公式为

$$T_i = \left[1 - \omega(t)\rho\right]T_i' + f_i \qquad (5\text{-}76)$$

2）增强蚁群位置的更新效率。基本蚁群算法的局部搜索位置更新为

$$X = X^* + \varepsilon Step \qquad (5\text{-}77)$$

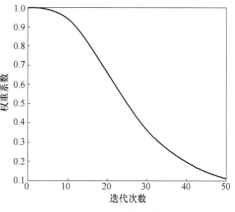

图 5-34　权重系数变化曲线

式中，X^* 是蚂蚁当前的位置；$\varepsilon \in [-1, 1]$，服从均匀分布的随机系数；$Step$ 是搜索步长。

由于基本蚁群算法在局部搜索中使用的是服从均匀分布的步长范围来更新蚁群的位置，在迭代后期局部搜索能力较差，因此通过引入服从高斯分布的 ε^* 代替服从均匀分布的随机系数 ε，同时对局部步长 $Step$ 添加迭代次数的倒数作为权重，来对更新步长加以限定，使蚂蚁更新步长随迭代次数的增加而减小，增强迭代后期的搜索能力。改进后的局部搜索位置更新为

$$X = X^* + \frac{\varepsilon^* Step}{t} \qquad (5\text{-}78)$$

3. 基于改进蚁群算法优化的二维大津法（IACO-OTSU）

由于二维大津法多引入了一个维度，运算量有所增加，因此本节采用改进蚁群算法（IACO）来对二维大津法进行优化，使优化后的二维大津法适应性更强，减少迭代次数，提高算法效率，具体实现方法如下：

1）初始化 m、G、ρ、Q_0、$Step$ 等关键参数。

2）输入煤岩截割表面的激光点云数据，以点云数据的强度值范围作为 m 只蚂蚁的位置范围。

3）计算点云强度直方图，并以式（5-71）作为改进蚁群算法的适应度函数 f。

4）在煤岩激光点云数据的强度值范围内，随机产生蚂蚁的初始位置，以适应度函数值为初始信息素，计算状态转移概率 Q_i。

5）更新蚂蚁位置，若 $Q_i < Q_0$，则进行局部搜索；反之，则进行全局搜索，产生新的蚂蚁位置，并借助边界吸收方式处理边界条件，将蚂蚁位置限制在点云强度值范围内。

6）计算新位置的适应度值，判断蚂蚁是否移动并更新信息素。

7）重复上述步骤，直到满足停止条件，输出最佳强度阈值。

IACO-OTSU 的流程图如图 5-35 所示。

5.7.4 基于 IACO-OTSU 改进区域生长的煤岩识别算法

1. 确定种子点选取准则

传统区域生长算法是随机选取的初始种子点，虽然简单快捷，但由于具有随机性，分割的结果不稳定。在改进的区域生长算法中，以曲率值最小的点作为初始种子点。这样可以使聚类的数目较为稳定，提高算法的效率。

2. 确定生长法则

传统的区域生长算法在生长过程中，只用到了点云数据中的法向量作为判别依据，没有利用到煤岩激光点云数据的强度信息，在煤层和岩层的边界过渡比较平缓时，仅依靠法向量信息无法将边界识别出来，导致错误分割。因此本节利用基于改进蚁群算法优化的二维大津法（IACO-OT-SU）获取最佳强度阈值，补充传统区域生长算法的生长法则，实现煤岩识别。

基于 IACO-OTSU 改进区域生长的煤岩识别算法（IACO-OTSU-RG）具体过程如下：

1）确定法向量夹角阈值 δ_0、最佳强度阈值 I_0 和最小聚类点数量阈值 M_0。

2）计算曲率、法向量和种子点的法向量与邻域内各点法向量的夹角 δ_i。

3）比较 δ_i 与法向量夹角阈值 δ_0，种子点强度值 I^*、邻域内各点的强度值 I_i 与最佳强度阈值 I_0 的关系，若满足

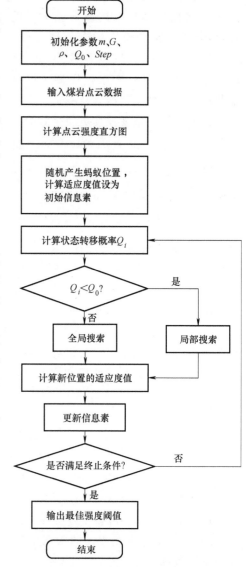

图 5-35 IACO-OTSU 的流程图

$$\begin{cases} \delta_i < \delta_0 \\ I^* < I_0 \text{ 且 } I_i < I_0 \end{cases} \text{或} \begin{cases} \delta_i < \delta_0 \\ I^* > I_0 \text{ 且 } I_i > I_0 \end{cases} \tag{5-79}$$

则将该点归入种子点所在的类。

4）以新归入的点为新种子点，重复步骤 2）至 4），直到没有满足条件的点时，此聚类生长完成。

5）重新选择煤岩激光点云数据中一个未归类的且曲率值最小的点作为种子

点，重复步骤 2）至 5），直到每个点都确定了自己所在的类，此时算法结束，区域生长完成。

6）统计每个聚类中点的个数，若小于最小聚类点数量阈值，则将此聚类归入距离其最近的类中。

7）若在同一个煤岩激光点云数据中存在多个煤层和岩层的边界，在区域生长完成之后，会形成多个聚类，每个聚类分别为煤层或岩层，这取决于每个聚类的初始种子点的强度值，若强度值大于最佳强度阈值，则该聚类为岩层；反之，则该聚类为煤层。

基于 IACO-OTSU 改进区域生长的煤岩识别算法的流程图如图 5-36 所示。

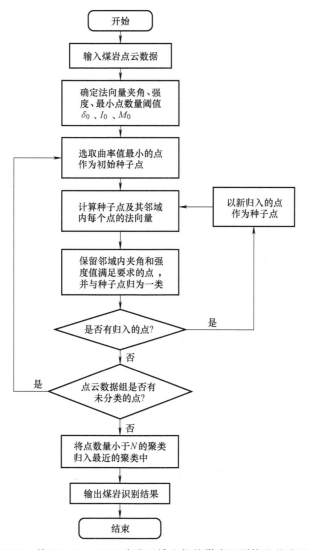

图 5-36 基于 IACO-OTSU 改进区域生长的煤岩识别算法的流程图

5.8 试验验证

为了对提出的综采工作面煤岩识别方法进行验证，本节搭建了基于激光扫描的煤岩识别试验系统，并在矿山智能采掘装备省部共建协同创新中心和河南大有能源股份有限公司耿村煤矿 13200 综采工作面进行了地面试验和井下工业性试验。通过激光雷达采集煤岩截割表面的激光点云数据，采用特征点保留的方法精简煤岩激光点云数据，利用本节提出的分割方法对煤岩激光点云数据进行分割，进而实现了煤岩的精确识别。

5.8.1 试验平台搭建

由于在实际中场地空间有限，课题组采用自制的煤岩试样代替综采工作面，试验中所制备的煤岩试样有两类，两类煤岩试样尺寸均为 1000mm×700mm×1600mm，第一类岩层部分由水泥和细沙按质量 1∶1 混合而成，煤层部分由水泥、细沙和煤粉按质量 1∶1∶3 混合而成；第二类煤岩试样所用材料比例与第一类相同，但在煤层部分中夹杂着矸石。考虑到截割过程中工况十分恶劣，且试样较小，若在截割过程中采集数据会造成采煤机滚筒与激光雷达干涉。因此，本次试验采用的试验方案是：在采煤机滚筒截割一部分煤岩试样后，采煤机后退留下充足空间，然后人工用激光雷达对截割后的表面扫描。煤岩识别试验台布置方案如图 5-37 所示。

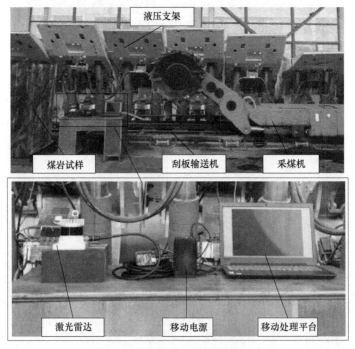

图 5-37 煤岩识别试验台布置方案

5.8.2 煤岩识别结果评价

为了评价本节提出的煤岩识别方法的准确性，利用 5.6 节所设计的精简方法对煤岩激光点云数据进行精简处理，将精简后的点云数据点导入到 Geomagic 软件中，按照煤岩试样表面的煤岩分布情况，人工标记出煤层点云数据和岩层点云数据。再利用 5.7 节设计的基于 IACO-OTSU 改进区域生长的煤岩识别算法对精简后的煤岩激光点云数据进行分割，以煤岩激光点云数据的分割结果，作为煤岩识别结果。最后将识别结果与人工标记的结果作对比，采用混淆矩阵评判本节所提出煤岩识别方法的准确性。

混淆矩阵在统计分类结果中，细分每个归属类别中样本数据分类正确与分类错误的数量，以此来计算分类的准确性。

利用设计的区域生长算法对煤岩激光点云数据识别后，将识别结果中的每个点构建一个二分类混淆矩阵，见表 5-16。通过计算该混淆矩阵中每个点分类正确与否，可以有效评价煤岩识别的准确率。

表 5-16 二分类混淆矩阵

分类		预测	
		煤	岩
实际	煤	T_1	F_1
	岩	F_2	T_2

识别的准确率 Acc 计算方式为

$$Acc = \frac{P_T}{P_F} \times 100\% \qquad (5\text{-}80)$$

式中，P_T 是煤岩激光点云数据中识别正确的个数；P_F 是识别错误的个数。

5.8.3 试验结果与分析

试验内容包括两个部分：对基于特征点保留的煤岩激光点云数据精简方法试验验证，分析精简结果，验证本节所设计精简算法的优越性；对基于 IACO-OTSU 改进区域生长的煤岩识别算法进行试验验证，并通过混淆矩阵验证煤岩识别结果的准确性。在截割过程中，利用激光雷达扫描煤岩截割表面，分别获取两种煤岩试样的 50 组激光点云数据，随机选取两种煤岩试样的各一组激光点云数据进行试验，其截割表面如图 5-38 所示。第一组煤岩激光点云数据共有个 292676 个点，第二组共有 318891 个点，两组煤岩激光点云数据的强度图如图 5-39 所示。

1. 煤岩激光点云数据精简试验结果分析

在进行试验分析前，需要确定精简算法中的相关参数，通过大量仿真试验，确

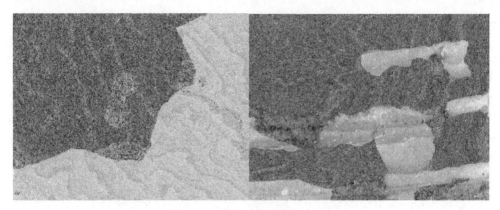

图 5-38　煤岩试样的截割表面

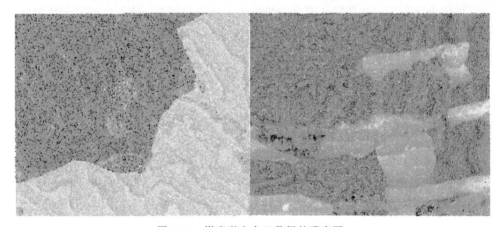

图 5-39　煤岩激光点云数据的强度图

定其参数在一定范围内波动，具体设置如下：聚类数目 S 的取值范围为 1200～1500，邻域半径 r 的取值范围为 15～20mm，体素栅格 d 的取值范围为 3～5mm，法向量夹角阈值 δ 的取值范围为 10°～15°，在试验过程中，上述参数在给定区间内随机取值。

　　从保证煤岩识别的准确率和效率出发，兼顾煤岩激光点云数据精简后的精度和简度，以 20% 的简度来对试验中的煤岩激光点云数据进行精简，精简效果如图 5-40 和图 5-41 所示。

　　由图 5-40 和图 5-41 可知，第一组煤岩激光点云数据的几何特征信息较多，四种不同的精简方法在 20% 的简度下都可以保留部分特征点。随机精简法和体素栅格精简法的精简效果整体较均匀，煤岩激光点云数据在精简后的整体轮廓也较好，但在一些特征区域，保留下来的点较少，位于较平坦位置的非特征区域，保存下来的点云数据仍较多，存在冗余数据。曲率精简法保留了较多位于特征区域的点云数据，但在一些较为平坦的非特征区域保存的点数较少，会导致重建后的模型偏差较

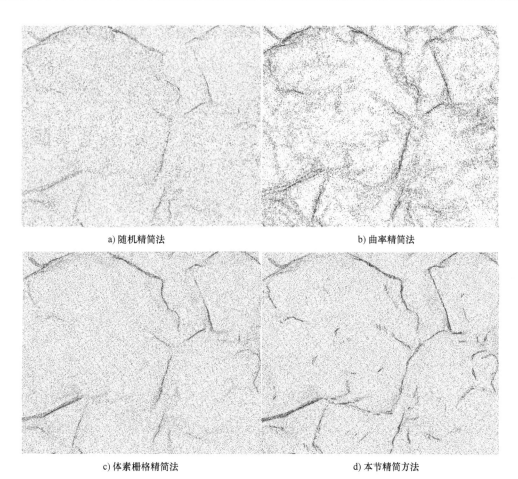

a) 随机精简法　　　　　　　　　　　　　　b) 曲率精简法

c) 体素栅格精简法　　　　　　　　　　　　d) 本节精简方法

图 5-40　第一组煤岩激光点云数据的精简结果

大。本节提出的煤岩激光点云数据精简算法在精简过程中，通过对特征点识别，可以将煤层和岩层分界处变化剧烈的点保留，同时位于平坦位置非特征区域的点得到了大幅度精简并保留一定数量的点，在保证简度的前提下，避免了精简之后的煤岩激光点云数据与原始煤岩激光点云数据偏差较大的问题。

在第二组煤岩激光点云数据中，几何特征信息较少，随机精简法、曲率精简法和体素栅格精简法精简后煤岩激光点云数据的特征区域和非特征区域的边界较为模糊，整体精简效果较差，本节所提出的精简算法仍然可以将位于特征区域的点保留下来，精度和简度得到了较好的平衡。

利用经典的点云精简方法和本节设计的精简方法对两组试验中采集的煤岩激光点云数据按 30%、20% 和 10% 的简度精简处理，将精简后的结果在 Geomagic 软件中进行曲面重建，利用软件的 3d 比较功能，分析点云数据在不同简度下的模型偏差，两组煤岩激光点云数据的精简结果分别见表 5-17 和表 5-18。

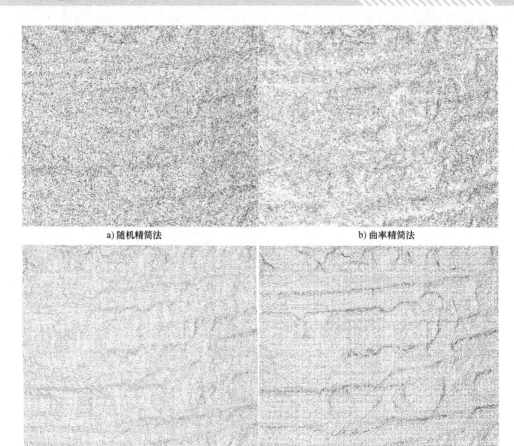

a) 随机精简法   b) 曲率精简法

c) 体素栅格精简法   d) 本节精简方法

图 5-41 第二组煤岩激光点云数据的精简结果

表 5-17 第一组煤岩激光点云数据的精简结果

精简算法	简度	模型最大偏差/mm（正向/负向）	模型标准偏差/mm
随机精简法	10%	15.37/-17.88	0.193
	20%	7.12/-5.93	0.051
	30%	1.71/-3.27	0.018
曲率精简法	10%	13.17/-13.03	0.113
	20%	10.12/-0.095	0.043
	30%	0.056/-1.65	0.0074
体素栅格精简法	10%	24.75/-5.09	0.162
	20%	6.09/-5.96	0.037
	30%	0.11/-1.61	0.0073
本节精简方法	10%	10.15/-9.35	0.103
	20%	6.54/-4.87	0.029
	30%	0.13/-1.37	0.0068

表 5-18　第二组煤岩激光点云数据的精简结果

精简算法	简度	模型最大偏差/mm（正向/负向）	模型标准偏差/mm
随机精简法	10%	5.76/−29.82	0.188
	20%	10.88/−17.42	0.114
	30%	4.07/−10.62	0.060
曲率精简法	10%	22.34/−10.59	0.165
	20%	22.31/−4.08	0.096
	30%	22.30/−1.26	0.094
体素栅格精简法	10%	9.67/−15.31	0.186
	20%	7.67/−15.54	0.081
	30%	11.25/−2.28	0.054
本节精简方法	10%	12.62/−11.24	0.153
	20%	9.18/−8.64	0.071
	30%	1.31/−8.96	0.042

从表 5-17 和表 5-18 可以看出，在相同的简度下对试验中的两组煤岩激光点云数据精简后，课题组所提出的精简方法在最大偏差范围和标准偏差上均小于其他三种算法。在简度为 10% 时，由于对煤岩激光点云数据保留的点较少，四种方法的精简结果偏差较大；在简度为 20% 和 30% 时，精简后的偏差相对较小，但在 20% 的简度下，点云数据量较 30% 的简度有了大幅减少，所以本节以 20% 的简度来对试验中的煤岩激光点云数据进行精简。在 20% 的简度下，设计的基于特征点保留的煤岩激光点云数据精简方法对两组点云数据精简后的模型偏差分别为 0.029mm 和 0.071mm，具有较好的精简效果。

2. 煤岩识别试验结果分析

利用提出的精简方法对第一组煤岩激光点云数据进行精简后，包含 58523 个点，Geomagic 软件标定后位于煤层共有 31359 个点，位于岩层共有 27164 个点，第二组点云数据精简后共有 63768 个点，经过标定后位于煤层共有 46241 个点，位于岩层共有 17527 个点。分别利用一维大津法、二维大津法和基于改进蚁群算法优化的二维大津法（IACO-OTSU）获取最佳强度阈值，比较不同方法的运算效率、计算的最佳强度阈值，用得到的最佳强度阈值补充区域生长算法的生长法则，对两组煤岩激光点云数据进行煤岩识别试验，通过比较不同方法对煤岩激光点云数据识别的准确率，验证提出的煤岩识别方法的可行性。三种不同算法对两组煤岩激光点云数据阈值的计算结果见表 5-19 和表 5-20。

传统区域生长算法（RG）和不同方法改进的区域生长算法（分别记为 1D OT-SU-RG、2D OTSU-RG 和 IACO-OTSU-RG）对两组煤岩激光点云数据的识别结果如图 5-42 和图 5-43 所示。

表 5-19 第一组煤岩激光点云数据阈值的计算结果

不同算法	一维大津法	二维大津法	IACO-OTSU
运行时间/s	1.98	7.65	1.76
最佳强度阈值	225	267	266

表 5-20 第二组煤岩激光点云数据阈值计算结果

不同算法	一维大津法	二维大津法	IACO-OTSU
运行时间/s	2.23	8.31	2.18
最佳强度阈值	181	239	236

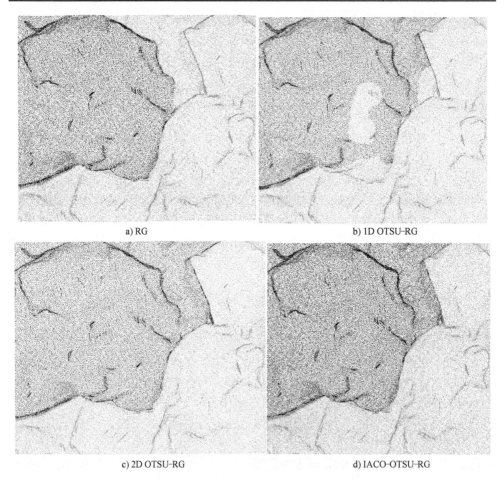

a) RG

b) 1D OTSU-RG

c) 2D OTSU-RG

d) IACO-OTSU-RG

图 5-42 第一组煤岩激光点云数据的识别结果

四种不同煤岩识别算法对两组煤岩激光点云数据识别结果的混淆矩阵分别见表 5-21 和表 5-22。

a) RG   b) 1D OTSU-RG

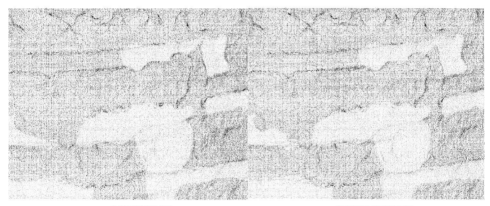

c) 2D OTSU-RG   d) IACO-OTSU-RG

图 5-43　第二组煤岩激光点云数据的识别结果

表 5-21　第一组煤岩激光点云数据识别结果的混淆矩阵

识别方法	分类		预测		煤岩识别准确率
			煤	岩	
RG	实际	煤	26124	5235	88.97%
		岩	1223	25941	
1D OTSU-RG		煤	27441	3918	91.36%
		岩	1137	26027	
2D OTSU-RG		煤	29221	2138	94.61%
		岩	1019	26145	
IACO-OTSU-RG		煤	29146	2213	94.36%
		岩	1087	26077	

表 5-22　第二组煤岩激光点云数据识别结果的混淆矩阵

识别方法	分类	预测		煤岩识别准确率
		煤	岩	
RG	煤	31955	14286	69.73%
	岩	5018	12509	
1D OTST-RG	煤	41199	5042	88.74%
	岩	2137	15390	
2D OTSU-RG	煤	43116	3125	92.33%
	岩	1768	15759	
IACO-OTSU-RG	煤	43213	3028	92.14%
	岩	1987	15540	

（注：分类列左侧有"实际"合并单元格）

通过两组煤岩激光点云数据的试验结果可知，传统区域生长算法对两组煤岩激光点云数据的识别准确率分别为88.97%和69.73%，该算法只用到了点云数据的几何特征信息，第一组煤岩激光点云数据的几何特征信息分布情况很好地反映了煤岩分界线，因此识别准确率较高；而第二组煤岩激光点云数据的几何特征信息较少，识别准确率较低。将煤岩激光点云数据的强度值引入到区域生长算法的生长法则中，三种不同方法改进后的区域生长算法对第一组煤岩激光点云数据的识别准确率分别为91.36%、94.61%和94.36%，对第二组煤岩激光点云数据的识别准确率分别为88.74%、92.33%和92.14%，识别准确率较传统区域生长算法有了显著提高。由图5-42和图5-43可知，二维大律法分割出的煤层和岩层区域更接近于煤岩分布的真实情况，这是因为二维大律法在获取最佳强度阈值时考虑到了每个点的邻域信息，较一维大律法有较强的抗噪能力。IACO-OTSU-RG对煤岩激光点云数据的识别结果影响与2D OTSU-RG的识别结果基本一致，只是在煤岩边界处略有差别，同时由表5-21和5-22可知，IACO-OTSU在对两组煤岩激光点云数据计算最佳强度阈值时效率分别提高了76.99%和73.77%，效率更高。

为了保证试验的客观公正性，利用提出的煤岩识别方法分别对第一类煤岩试样和第二类煤岩试样的50组煤岩激光点云数据进行试验验证，不同方法的煤岩试样识别准确率如图5-44和图5-45所示。

由图5-44和图5-45可知，在两类煤岩试样的识别准确率中，RG的煤岩识别准确率最低。利用煤岩激光点云数据的强度值补充区域生长算法的生长法则后，改进的区域生长算法的煤岩识别准确率较未改进的区域生长算法有了明显提高。2D OTSU-RG和IACO-OTSU-RG获取的最佳强度阈值更加合理，煤岩识别准确率最高，均在90%以上。IACO-OTSU-RG通过改进的蚁群算法，在计算最佳强度阈值时效率更高，煤岩识别结果与2D OTSU-RG基本一致，更能满足实际需求。

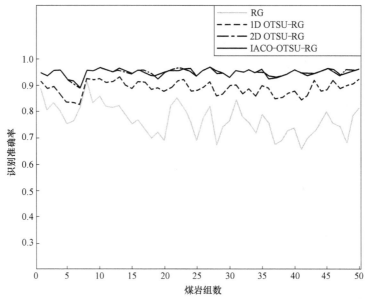

图 5-44　第一类煤岩试样识别准确率

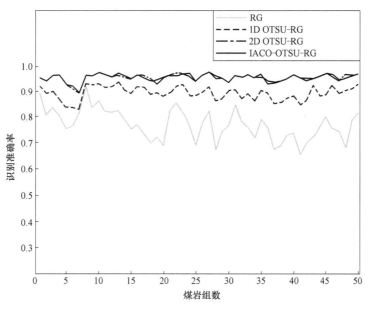

图 5-45　第二类煤岩试样识别准确率

5.8.4　井下现场测试

为了进一步验证所提煤岩识别方法的可行性，在河南大有能源股份有限公司耿村煤矿 13200 综采工作面开展了工业性试验，井下试验场景如图 5-46 所示。

液压支架

采煤机

激光雷达　本安移动电源　数据处理单元

液压支架

采煤机

刮板输送机

煤岩截割表面

激光点云强度信息

点云数据精简结果

煤岩识别结果

图 5-46　井下试验场景

(注：彩图见书后插页。)

　　激光雷达采集到的煤岩激光点云数据中共有 193274 个点，相机和激光雷达采集到的煤岩截割表面和激光点云强度图如图 5-46 所示。从保证煤岩识别的准确率和效率出发，兼顾煤岩激光点云数据精简后的精度和简度，以 20% 的简度来对试验中的煤岩激光点云数据进行精简。可以看出，设计的点云数据精简方法可以将煤岩激光点云数据中特征信息变化剧烈的点保留下来，整体精简效果较好，有利于准确确定煤岩边界。对精简后的煤岩激光点云数据曲面重建，模型最大正向偏差、最大负向偏差和标准偏差分别为 7.59mm、−6.36mm 和 0.058mm，偏差较小。精简后的点云数据中有 38621 个点，在 Geomagic 软件中对精简后的煤岩激光点云数据进行标定，位于煤层共有 32569 个点，位于岩层共有 6052 个点，利用设计的区域生长算法分割煤岩激光点云数据，结果如图 5-46 所示。煤岩识别结果的混淆矩阵见表 5-23。可以看出，激光点云数据分割结果预测的煤岩分布情况与真实煤岩分布情况基本一致，只是在煤岩分界处略有差别，煤岩识别准确率达 90.12%，能够满足实际应用需求。

表 5-23 煤岩识别结果的混淆矩阵

分类		预测		煤岩识别准确率
		煤	岩	
实际	煤	30074	2495	90.12%
	岩	1321	4731	

参 考 文 献

[1] HOWARD A G, ZHU M, CHEN B, et al. MobileNets: efficient convolutional neural networks for mobile vision applications [J]. arXiv, 2017.

[2] GAO S H, CHENG M M, ZHAO K, et al. Res2Net: a new multi-scale backbone architecture [J]. IEEE Transactions on Pattern Analysis and Machine Intelligence, 2021, 43 (2): 652-662.

[3] HINTON G E, SRIVASTAVA N, KRIZHEVSKY A, et al. Improving neural networks by preventing co-adaptation of feature detectors [J]. Computer Science, 2012, 3 (4): 212-223.

[4] SCARDAPANE S, COMMINIELLO D, HUSSAIN A, et al. Group sparse regularization for deep neural networks [J]. Neurocomputing, 2017, 241: 81-89.

[5] IOFFE S, SZEGEDY C. Batch normalization: accelerating deep network training by reducing internal covariate shift [J]. arXiv, 2015.

[6] LONG J, SHELHAMER E, DARRELL T. Fully convolutional networks for semantic segmentation [J]. IEEE Transactions on Pattern Analysis and Machine Intelligence, 2015, 39 (4): 640-651.

[7] BADRINARAYANAN V, KENDALL A, CIPOLLA R. SegNet: a deep convolutional encoder-decoder architecture for image segmentation [J]. IEEE Transactions on Pattern Analysis&Machine Intelligence, 2017, 39 (12): 2481-2495.

[8] RONNEBERGER O, FISCHER P, BROX T. U-net: convolutional networks for biomedical image segmentation [J]. International Conference on Medical Image Computer-Assisted Intervention, 2015.

[9] CHEN L C, PAPANDREOU G, KOKKINOS I, et al. DeepLab: semantic image segmentation with deep convolutional nets, atrous convolution, and fully connected CRFs [J]. IEEE Transactions on Pattern Analysis & Machine Intelligence, 2018, 40 (4): 834-848.

[10] OTSU N. A threshold selection method from gray-level histograms [J]. IEEE Transactions on Systems Man & Cybernetics, 2007, 9 (1): 62-66.

[11] 刘健庄, 栗文青. 灰度图像的二维 Otsu 自动阈值分割法 [J]. 自动化学报, 1993, 19 (1): 101-105.

[12] DORIGO M, MANIEZZO V, COLORNI A. Ant system: optimization by a colony of cooperating agents [J]. IEEE Transactions on Systems, Man, and Cybernetics (Part B), 1996, 26 (1): 29-41.

第6章

采煤机截割路径优化技术

采煤机截割路径规划和跟踪是实现采煤机智能控制的关键技术之一。目前，国内外学者关于采煤机截割路径规划方法的研究主要集中在基于煤岩界面识别和"记忆截割"的采煤机截割滚筒自动调高技术，但煤岩界面识别技术还不够成熟，导致其实用性较差；另外，虽然"记忆截割"技术操作简单且易于实现，但在实际工作面的应用效果并不理想。鉴于此，本章提出了基于煤层分布预测的采煤机截割路径规划，通过采煤机滚筒切割的历史数据来生成煤层分布边界的历史特征点，并利用智能算法对下一刀的煤层分布边界趋势进行预测；设计了采煤机滚筒截割路径模糊优化方法，在此基础上，研究了基于双坐标系的采煤机截割路径平整性控制方法，从而为采煤机的智能化性能提高提供依据。

6.1 基于煤层分布预测的采煤机截割路径规划方法

6.1.1 D-S 证据理论与神经网络

人工神经网络是一种模仿动物神经网络行为特征，进行分布式并行信息处理的算法数学模型，具有自学习和自适应的能力，是目前最常用的智能预测算法。但是，单一的神经网络预测模型在处理复杂问题时并不能一直保持较高的预测精度。因此，需要采用一种融合算法将不同的神经网络预测结果进行组合。考虑到 D-S 证据理论已经普遍应用于故障诊断和信息融合等领域，本节采用基于改进 D-S 证据理论与多神经网络的融合算法对煤层分布边界趋势进行预测。

1. D-S 证据理论

证据理论最初由 Dempster 在 1967 年提出，用多值映射出概率的上下界，后来由 Shafer 在 1976 年推广形成证据推理，又称为 D-S 证据理论[1,2]。假设 Θ 为识别框架，是一个有限非空集合，对于空间内的任意命题 A，都应包含于 2^{Θ}。定义映射 $m^{\bullet}: 2^{\Theta} \to [0, 1]$，$m^{\bullet}(\varnothing) = 0$，$\sum_{A \subseteq \Theta} m^{\bullet}(A) = 1$，$m^{\bullet}(A)$ 被称为命题 A 的基本概率值（Basic Probability Assignment，BPA）。在证据理论合成过程中，常用信任度函数 Bel 和似然函数 Pl 来描述每个证据的可信度。$Bel(A)$ 表示 A 中所有子集的 BPA 之和，$Pl(A)$ 表示不否定 A 的信任度。

$$Bel(A) = \sum_{B \subseteq A} m^{\bullet}(B) \quad (\forall A \subseteq \Theta) \tag{6-1}$$

$$Pl(A) = \sum_{A \cap B \neq \varnothing} m^\bullet(B) \quad (\forall A \subseteq \Theta, B \subseteq \Theta) \tag{6-2}$$

多条独立的证据合成过程如下：假设 $\Theta = \{A_1, A_2, \cdots, A_N\}$，证据集合 $e = \{e_1, e_2, \cdots, e_n\}$，BPA 为 $m_1^\bullet, m_2^\bullet, \cdots, m_n^\bullet$，具体的合成公式为

$$m^\bullet(A) = \begin{cases} 0 & A = \varnothing \\ \dfrac{1}{1-k} \displaystyle\sum_{A_i \cap A_j \cap \cdots \cap A_k = A} m_1^\bullet(A_i) m_2^\bullet(A_j) \cdots m_n^\bullet(A_k) & A \neq \varnothing \end{cases} \tag{6-3}$$

式中，$k = \displaystyle\sum_{A_i \cap A_j \cap \cdots \cap A_k = \varnothing} m_1^\bullet(A_i) m_2^\bullet(A_j) \cdots m_n^\bullet(A_k)$，反映了证据的冲突情况。$k$ 越大，冲突越严重，融合的结果越差。

2. 改进的 D-S 证据理论

传统的 D-S 证据理论在处理证据之间不存在冲突问题时，体现出很好的融合效果。当证据之间存在冲突，即 $k \to 1$ 时，融合结果会与某些证据相反。当某个证据与证据集中的其他证据冲突系数 k 较大时，对最终合成结果的影响较大，其可信度应该较低；反之，该证据对最终合成结果的影响较小，其可信度应该较高。因此，为了提高 D-S 合成公式的通用性，本节引入可信度因子 ξ 衡量证据源的可靠性，并对原始证据进行修正，以降低证据间的冲突，再用合成公式对修正后的证据进行融合，最终形成了一种新的 D-S 证据理论合成思想。

定义每个证据 e_i 的可信度因子为 ξ_i，则所有证据组成的证据集的可信度矢量为 $\boldsymbol{\xi} = (\xi_1, \xi_2, \cdots, \xi_n)$，满足 $\xi_i \in (0, 1]$。设 $m_i^\bullet$ 分配给识别框架 Θ 中各个命题组成的数据矩阵为 $M_{n \times N}$，矩阵中的每个元素 $M_{ij} = m_i^\bullet(A_j)$。利用矩阵中任意两行的欧式距离 d_{ij} 表示相应证据 e_i 与 e_j 之间的相似度。

$$d_{ij} = \sqrt{\sum_{k=1}^{N} \left[m_i^\bullet(A_k) - m_j^\bullet(A_k) \right]^2} \tag{6-4}$$

由此得到一个距离矩阵 $\boldsymbol{D}_{n \times n}$，该矩阵是一个对角线元素为 0 的对称矩阵。

$$\boldsymbol{D} = \begin{pmatrix} 0 & d_{12} & d_{13} & L & d_{1n} \\ & 0 & d_{23} & L & d_{2n} \\ & & 0 & & M \\ & & & & 0 \end{pmatrix} \tag{6-5}$$

定义矩阵 $\boldsymbol{D}$ 中每一行与其他行的欧式距离的和方根（即各数据平方和的平方根）u_i 表示证据 e_i 与证据集合 e 的一致性。

$$u_i = \sqrt{\sum_{j=1}^{n} d_{ij}^2}, u_i \in [0, 1) \tag{6-6}$$

和方根 u_i 的大小反映了证据 e_i 与其他证据的差异程度。u_i 越大，表明证据 e_i 与其他证据的差异越大，该证据表现出的奇异性越严重，其可信度较低；反之，u_i 越小，表明证据 e_i 与其他证据的一致性越高，其可信度较高。显然，证据 e_i 的可信度因子 ξ_i 与和方根 u_i 之间存在某种必然的关系。假设 $\xi_i = f(u_i)$，则 $f(u_i)$ 应满

足以下条件：

1）证据不能被完全否定，即 $0 < f(u_i) \leqslant 1$。

2）$f(u_i)$ 是一个单调递减函数。当 u_i 较小时，证据可信度较高，$f(u_i)$ 随着 u_i 的增大而衰减缓慢；反之，证据可信度较低，$f(u_i)$ 随着 u_i 的增大而迅速降至 0。

因此，可以假设 $f(u_i)$ 是一个抛物线或指数函数。如果 $f(u_i)$ 是一个抛物线，则定义可信度因子为

$$\xi_i = f(u_i) = 1 - u_i^2 \tag{6-7}$$

若 $f(u_i)$ 是一个指数函数，则可信度因子的定义如下

$$\xi_i = f(u_i) = 1 - u_i a^{u_i - 1} \tag{6-8}$$

$$\xi_i = f(u_i) = (1 - u_i) b^{-u_i} \tag{6-9}$$

从式（6-8）可以看出，当 $a > 0$ 时，$\xi_i = 1 - u_i a^{u_i - 1}$ 在区间 $[0, 1)$ 内是一个单调递减函数，完全符合条件。为了确定系数 b，对式（6-9）进行求导，可得

$$f'(u_i) = (u_i \ln b - \ln b - 1) b^{u_i} \tag{6-10}$$

求解不等式 $f'(u_i) \leqslant 0$ 得到 $b \geqslant 1/e$。图 6-1 描述了 a 和 b 取不同值时证据可信度因子 ξ_i 随和方根 u_i 的变化曲线。

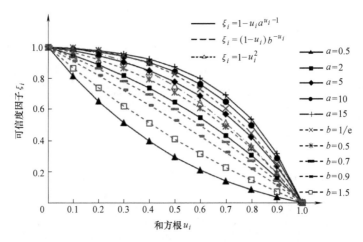

图 6-1　证据可信度因子 ξ_i 随和方根 u_i 的变化曲线

从图 6-1 可以看出，当 $a \geqslant 15$ 时，$\xi_i = 1 - u_i a^{u_i - 1}$ 对可信度因子 ξ_i 的总体控制效果明显优于 $\xi_i = (1 - u_i) b^{u_i}$ 和 $\xi_i = 1 - u_i^2$，因此本节采用指数函数 $\xi_i = 1 - u_i 15^{u_i - 1}$ 来描述可信度因子 ξ_i 与和方根 u_i 之间的关系。在确定了证据 e_i 的可信度因子 ξ_i 后，就可以对原始证据进行修正。假设修正后的 BPA 为 $m_i(A_j)$，则改进的 D-S 合成公式为

$$\begin{cases} m_i(A_j) = \xi_i m_i^\bullet(A_j) & A_j \neq \Theta \\ m_i(\Theta) = 1 - \sum_{j=1}^{N} \xi_i m_i^\bullet(A_j) & A_j \neq \Theta \end{cases} \tag{6-11}$$

3. 神经网络

神经网络是目前最常用的人工智能算法，如 BP 神经网络、小波神经网络、Elman 神经网络、RBF 神经网络、灰色神经网络、广义神经网络、Hopfield 神经网络等已经被广泛应用在模式识别、预测、故障诊断等领域中[3-7]。本节选择前四种神经网络（记为 BP-NN、W-NN、Elman-NN、RBF-NN）分别对煤层分布边界进行预测，并利用改进的 D-S 证据理论对预测结果进行融合。由于篇幅有限，神经网络的基本原理这里不再赘述。

6.1.2　煤层分布边界特征点的选取

采煤机在截割过程中机载控制器的扫描周期为 10ms 级，每秒能采集大约 100 个数据点，如果把这些数据完全存储下来，必然会导致机载控制器的存储空间不足；另外，由于采煤机在一段时间内的工作姿态与截割状态可能完全相同，因此记录如此多的点也毫无必要。在利用机载控制器记录的信息获取煤层分布边界时，需要考虑用尽量少的点来描述煤层分布边界曲线。本系统中将用于描述煤层分布边界趋势的点称为特征点，主要分为常规特征点、关键特征点和异常特征点。

（1）常规特征点　在采煤机正常工作过程中，沿采煤机运行方向每隔一段距离采集一次滚筒高度，以此得到煤层分布边界的一个特征点，这类特征点被称为常规特征点。常规特征点是用于描述煤层分布边界的主体部分，其不论采煤机运行状态和人工操作情况如何，都将等间距地记录这些数据。为了有效利用机载控制器的存储空间，提高控制效率，需要设置合理的常规特征点采集间距。若采集间距过大，必然会丢失某些重要信息，使煤层分布边界信息不够真实；间距过小会产生大量冗余数据，减小存储器的有效存储空间。因此本系统将常规特征点的采集间隔设为 1m，一个普通的综采工作面大约需要 200 个常规特征点即可。煤层分布边界的常规特征点如图 6-2 所示，图中折线为采煤机滚筒的高度变化曲线，黑实心点为机载控制器所采集的常规特征点。

图 6-2　煤层分布边界的常规特征点

（2）关键特征点　从上述分析可以看出，虽然常规特征点是描述煤层分布边界的主体，但由于其采集频率单一，极大可能会漏掉采煤机摇臂升降时的关键信息。因此本系统规定：采煤机收到外部控制命令而改变自身工作姿态的点称为煤层分布边界的关键特征点。虽然关键特征点的数量较少，但它们是描述煤层分布边界曲线的核心数据。煤层分布边界的关键特征点如图 6-3 所示，图中三角形代表了截割过程中的关键特征点，分别对应于采煤机收到摇臂升高与降低命令。

图 6-3　煤层分布边界的关键特征点

（3）异常特征点　异常特征点是指采煤机在工作过程中设备发生异常的点以及解除异常的点。通常情况下异常特征点成对出现，即设备异常情况的出现以及人工调节后的状态恢复。异常特征点的产生条件如下：截割电动机过流、截割电动机超温、牵引电动机过流和牵引电动机超温等，见表 6-1。本系统规定：当电动机电流（I）连续 10s 大于 1.2 倍的额定电流（I_e）时向用户发出过流警报，并记录采煤机滚筒的高度作为一个异常特征点；当电动机温度（T）连续 15s 大于 130℃时向用户发出超温警报，并记录采煤机滚筒的高度作为一个异常特征点。

表 6-1　异常特征点的产生条件

异常类别	判别标准	延时时间/s
截割电动机过流	$I \geq 1.2I_e$	10
截割电动机超温	$T \geq 130℃$	15
牵引电动机过流	$I \geq 1.2I_e$	10
牵引电动机超温	$T \geq 130℃$	15

煤层分布边界的异常特征点如图 6-4 所示，图中五角形表示采煤机状态异常的发生与解除点。当采煤机滚筒割到顶板岩石时，其截割电动机电流会增大，并超过了额定电流的 1.2 倍，且延时时间大于 10s，于是机载控制器记录下第一个异常特征点；此时，操作人员会降低滚筒高度，直至截割电流恢复正常，采煤机的异常状态解除，机载控制器记录下异常状态解除时的滚筒高度作为第二个异常特征点。按照同样的方法机载控制器记录下了第三个与第四个异常特征点。

图 6-4　煤层分布边界的异常特征点

6.1.3　基于改进 D-S 证据理论与多神经网络的煤层分布趋势融合预测方法

1. 融合预测模型的结构

基于改进 D-S 证据理论与多神经网络融合预测的基本思想可以总结如下：假设采集到的煤层分布边界历史特征点共有 p 刀，需要预测的煤层分布边界为第 q 刀。首先通过四种神经网络（BP-NN、W-NN、Elman-NN、RBF-NN）对待预测煤层的前 w（$w = q - p - 1$）刀煤层边界特征点进行预测，利用这 w 组预测数据分别提取对应的网络模型权重。考虑到权重的约束条件与证据理论中 BPA 满足的条件类似，可以通过类比的思想将四种神经网络组成证据理论中的识别框架，将 w 组网络模型的权重看作各证据的 BPA，并利用改进的 D-S 证据理论对各证据进行合成，从而求出第 p 刀的煤层分布边界特征点的网络权重，最终得到融合预测结果。

因此，基于融合预测模型的煤层分布边界预测主要包含两部分：一是基于神经网络的初始预测；二是基于改进 D-S 证据理论的融合预测，如图 6-5 所示。

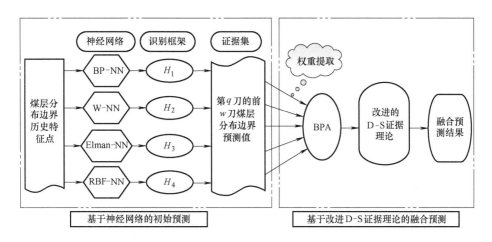

图 6-5　基于融合预测模型的煤层分布边界预测

2. BPA 函数的构建

在 D-S 证据理论中，BPA 函数的合理构造是极其重要的环节，本节采用提取不同网络模型的权重来构造 BPA 函数。在运用改进的 D-S 证据理论对权重进行融合时，应当对预测误差较小的预测值赋予较大的权重，对预测误差较大的预测值赋予较小的权重。下面从分析方差的角度给出 BPA 函数的数学模型。

假设 BP-NN、W-NN、Elman-NN 和 RBF-NN 四种神经网络模型对某位置处煤层分布边界特征点的预测结果分别为 H_1、H_2、H_3 和 H_4，实际值为 R。四种模型预测误差分别为 E_1、E_2、E_3 和 E_4，相应的权重系数分别为 ω_1、ω_2、ω_3 和 ω_4，显然 $\omega_1+\omega_2+\omega_3+\omega_4=1$，则有

$$E_i=H_i-R \quad i=1,2,3,4 \tag{6-12}$$

预测结果 Z 可以表示为

$$Z=\omega_1 E_1+\omega_2 E_2+\omega_3 E_3+\omega_4 E_4 \tag{6-13}$$

预测结果的总误差 E 和方差 $D(E)$ 可以表示为

$$E=\omega_1 E_1+\omega_2 E_2+\omega_3 E_3+\omega_4 E_4 \tag{6-14}$$

$$D(E)=\omega_1^2 D(E_1)+\omega_2^2 D(E_2)+\omega_3^2 D(E_3)+\omega_4^2 D(E_4)+$$
$$2\omega_1\omega_2 cov(E_1,E_2)+2\omega_1\omega_3 cov(E_1,E_3)+2\omega_1\omega_4 cov(E_1,E_4)+$$
$$2\omega_2\omega_3 cov(E_2,E_3)+2\omega_2\omega_4 cov(E_2,E_4)+2\omega_3\omega_4 cov(E_3,E_4) \tag{6-15}$$

式中，$cov(E_i,E_j)$（$i,j=1,2,3,4$）表示 E_i 与 E_j 之间的协方差。

通常情况下，对同一对象的各组预测结果是相互独立的，因此有

$$cov(E_i,E_j)=0 \quad i,j=1,2,3,4 \text{ 且 } i\neq j \tag{6-16}$$

当 $D(E)$ 取极小值时，分别对 ω_1、ω_2、ω_3 和 ω_4 求偏导，并令 $\frac{\partial D(E)}{\partial \omega_1}=$
$\frac{\partial D(E)}{\partial \omega_2}=\frac{\partial D(E)}{\partial \omega_3}=\frac{\partial D(E)}{\partial \omega_4}=0$，当满足 $\omega_1+\omega_2+\omega_3+\omega_4=1$ 时，可得

$$\begin{cases} \omega_1=\dfrac{1}{D(E_1)[1/D(E_1)+1/D(E_2)+1/D(E_3)+1/D(E_4)]} \\[2mm] \omega_2=\dfrac{1}{D(E_2)[1/D(E_1)+1/D(E_2)+1/D(E_3)+1/D(E_4)]} \\[2mm] \omega_3=\dfrac{1}{D(E_3)[1/D(E_1)+1/D(E_2)+1/D(E_3)+1/D(E_4)]} \\[2mm] \omega_4=\dfrac{1}{D(E_4)[1/D(E_1)+1/D(E_2)+1/D(E_3)+1/D(E_4)]} \end{cases} \tag{6-17}$$

其中，$D(E_i)$ 表示 $E_i(i=1,2,3,4)$ 的方差。

本节以预测第 q 刀的煤层分布边界为例来阐述所提出的算法，通过式（6-17）可以得到第 $p+1$ 到 $q-1$ 刀处的各网络模型权重，再利用改进的 D-S 证据理论对该网络权重值进行融合，最终得到待预测煤层处的各网络权重。式（6-17）可以简化为

$$\omega_{ij}=\frac{1}{D(E_{ij})\left[\dfrac{1}{D(E_{i1})}+\dfrac{1}{D(E_{i2})}+\dfrac{1}{D(E_{i3})}+\dfrac{1}{D(E_{i4})}\right]} \tag{6-18}$$

$$i=p+1,p+2,\cdots,q-1;j=1,2,3,4$$

如前文所述，在证据理论中识别框架由四种神经网络的预测结果 H_1，H_2，H_3 和 H_4 组成，即 $\Theta=\{H_1,H_2,H_3,H_4\}$，因此其 BPA 函数可以表示为

$$m_i^\bullet(H_j)=\omega_{ij} \tag{6-19}$$

3. 融合预测的数学模型

由于利用证据理论合成公式直接进行融合的计算量太大，因此本节采用多重融合的方法对各网络权重进行逐级合成。四种神经网络预测值对应的基本信度值为 $m_i^\bullet(H_j)$（$i=p+1,p+2,\cdots,q-1;j=1,2,3,4$），利用式（6-11）得到修正后的 BPA 为 $m_i(H_j)$，其相应的信度函数为 Bel_j。根据 D-S 合成法则，首先将第 $p+1$ 刀和 $p+2$ 刀煤层分布边界预测值对应的信度函数进行融合，记为 $Bel=Bel_{p+1}\oplus Bel_{p+2}$。然后，将首次合成的信度函数 Bel 与第 $p+3$ 刀的煤层分布边界预测值所对应的信度函数进行第二重融合，以此类推，直至第四重融合完毕。将融合后的最终结果记为 $Bel_{p+1}\oplus Bel_{p+2}\oplus\cdots\oplus Bel_{q-1}$，同时将该结果的基本信度值记为 $m(H_1)$、$m(H_2)$、$m(H_3)$、$m(H_4)$ 和 $m(\Theta)$，该基本信度值即为第 q 刀处煤层分布边界的

网络权重。

假设四种神经网络模型对第 q 刀的煤层分布边界预测结果分别为 H_{1q}、H_{2q}、H_{3q} 和 H_{4q}，则通过改进的 D-S 证据理论合成公式的融合预测结果表示为

$$H_q = m(H_1)H_{1q} + m(H_2)H_{2q} + m(H_3)H_{3q} + m(H_4)H_{4q} \qquad (6\text{-}20)$$

H_Θ 表示不确定因素产生的预测值，可以通过四种网络的单独预测值而确定。

$$H_\Theta = \frac{H_{1q} + H_{2q} + H_{3q} + H_{4q}}{4} \qquad (6\text{-}21)$$

基于改进的 D-S 证据理论与多神经网络的融合预测算法流程图如图 6-6 所示。

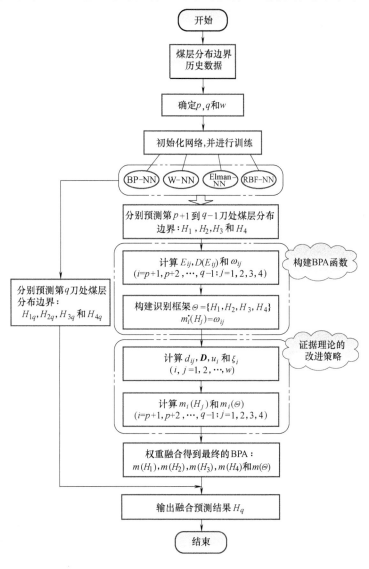

图 6-6　融合预测算法流程图

6.2 采煤机滚筒截割路径模糊优化方法

6.2.1 记忆截割原理与存在的问题

采煤机实现记忆截割主要由示教和执行两部分组成。首先，采煤机司机根据当前煤层的变化条件，手动操作采煤机，调节前后滚筒高度，并将截割过程中采煤机位置、采煤机姿态参数、采煤机运行速度等保存在控制器存储单元中[8-10]。

设采煤机运行时的当前进刀数为 i，一刀范围内的记忆点序号为 j，则综采工作面当前位置的运行状态可表示为 $S_{i,j}(i=1, 2\cdots; j=1, 2\cdots)$，$S_{i,j}$ 为一个信息状态集合，包含了采煤机的当前位置、速度、机身倾角、摇臂倾角和俯仰角等信息。采煤机截割执行过程如图 6-7 所示[11,12]。

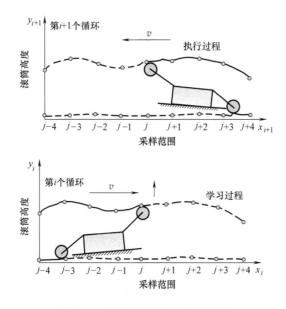

图 6-7 采煤机记忆截割执行过程

由图 6-7 可知，现有的采煤机记忆截割方法，理论执行效果良好，后一刀的采煤机滚筒截割路径应能够跟踪前一刀的滚筒截割路径，但是，在实际应用时发现实际截割路径与预期截割路径重合程度较低，具体表现为剩煤明显、底板截割过深等，如图 6-8 所示。

由图 6-8 可知，由于底板高度变化的不确定性，导致现有记忆截割方法的执行精度不易控制。本节考虑底板高度变化对记忆截割的影响，分析底板高度变化并进行模糊处理。模糊处理的目的一方面是为了适应底板高度变化；另一方面是由于刮

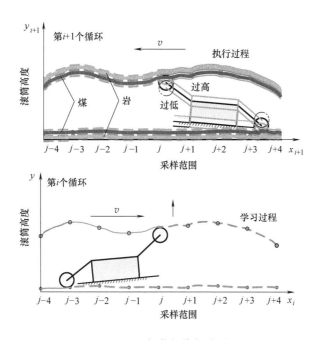

图 6-8　记忆截割执行效果

板输送机的刚性结构，使得采煤机对局部范围内的底板高度变化不敏感。根据现有记忆截割方法，结合底板高度变化，通过模糊理论生成新的目标曲线。

6.2.2　采煤机记忆截割路径的模糊优化方法

以采煤机前滚筒为例，分析影响采煤机截割高度的因素。采煤机的姿态信息包括机身倾角和摇臂倾角，当采煤机机身倾角改变时，为了补偿因为机身倾角变化引起的滚筒高度变化，需要对摇臂倾角进行调节，使滚筒高度满足控制要求。图 6-9 所示为当采煤机运行到第 $i-1$ 刀和第 i 刀对应记忆点位置时的不同姿态。

由图 6-9 可知，当采煤机处于状态 $S_{i-1,j}$ 时，机身倾角为 α_1，前滚筒摇臂与机身宽度方向之间的夹角为 β_1（后文统称摇臂夹角），a、b、l 为采煤机几何尺寸参数，采煤机前滚筒中心距底板高度为 h_1，则可由计算得 h_1 为

$$h_1 = b + l\sin(\beta_1 - 90°) \tag{6-22}$$

当采煤机处于状态 $S_{i,j}$ 时，机身倾角为 α_2，前滚筒摇臂与机身宽度方向之间的夹角为 β_2，采煤机前滚筒中心距底板高度为 h_2，计算得 h_2 为

$$h_2 = b\cos(\alpha_1 - \alpha_2) + l\sin[\beta_2 - 90° - (\alpha_1 - \alpha_2)] \tag{6-23}$$

记忆截割理想执行情况下，应有 $h_1 = h_2$，即

$$b + l\sin(\beta_1 - 90°) = b\cos(\alpha_1 - \alpha_2) + l\sin[\beta_2 - 90° - (\alpha_1 - \alpha_2)]$$

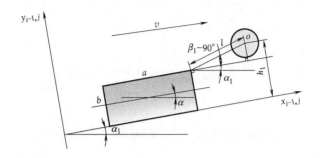

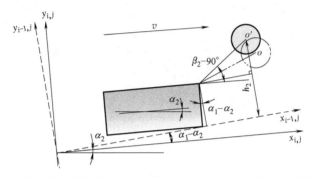

图 6-9　采煤机运行到第 $i-1$ 刀和第 i 刀对应记忆点位置时的不同姿态

计算记忆执行时的摇臂夹角值，得

$$\beta_2 = 90° + \alpha_1 - \alpha_2 + \arcsin\left\{\frac{b}{l}\left[1 - \cos(\alpha_1 - \alpha_2)\right] + \sin(\beta_1 - 90°)\right\} \tag{6-24}$$

则相对于上一截割循环时的摇臂夹角变化值 $\Delta\beta_1$ 为

$$\Delta\beta_1 = \beta_2 - \beta_1 = 90° + \alpha_1 - \alpha_2 + \arcsin\left\{\frac{b}{l}\left[1 - \cos(\alpha_1 - \alpha_2)\right] + \sin(\beta_1 - 90°)\right\} - \beta_1 \tag{6-25}$$

不同底板高度条件下的采煤机记忆点姿态如图 6-10 所示。

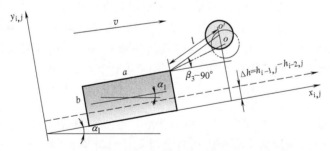

图 6-10　不同底板高度条件下的采煤机记忆点姿态

在图 6-10 中，$h_{i-1,j}$、$h_{i-2,j}$、β_1、β_3 应满足

$$h_{i-1,j} - h_{i-2,j} = l\left[\sin(\beta_3 - 90°)\right] - \sin(\beta_1 - 90°)] \tag{6-26}$$

当底板高度发生变化时，调节对应的摇臂夹角，计算调整后的摇臂夹角，得

$$\beta_3 = 90° + \arcsin\left[\frac{h_{i-1,j} - h_{i-2,j}}{l} + \sin(\beta_1 - 90°)\right] \tag{6-27}$$

计算当底板高度变化时，相对于上一截割循环中的摇臂倾角变化值 $\Delta\beta_2$ 为

$$\Delta\beta_2 = \beta_3 - \beta_1 = 90° + \arcsin\left[\frac{h_{i-1,j} - h_{i-2,j}}{l} + \sin(\beta_1 - 90°)\right] - \beta_1 \tag{6-28}$$

综合考虑机身倾角变化和底板高度变化对采煤机记忆截割执行效果的影响，当采煤机处于状态 $S_{i,j}$ 时的前滚筒摇臂夹角 $\beta_{i,j}$ 应为

$$\begin{aligned}
\beta_{i,j} &= \beta_{i-1,j} + \Delta\beta_1 + \Delta\beta_2 \\
&= 180° + \alpha_{i-1,j} - \alpha_{i,j} + \arcsin\left\{\frac{b}{l}\left[1 - \cos(\alpha_{i-1,j} - \alpha_{i,j})\right] + \sin(\beta_{i-1,j} - 90°)\right\} + \\
&\quad \arcsin\left[\frac{h_{i-1,j} - h_{i-2,j}}{l} + \sin(\beta_{i-1,j} - 90°)\right] - \beta_{i-1,j}
\end{aligned} \tag{6-29}$$

执行记忆截割时，采煤机前滚筒实际高度 $h_{i,j}$ 为

$$\begin{aligned}
h_{i,j} &= b + l\sin(\beta_{i,j} - 90°) - \Delta h \\
&= b + l\sin\left\{90° + \alpha_{i-1,j} - \alpha_{i,j} + \arcsin\left\{\frac{b}{l}\left[1 - \cos(\alpha_{i-1,j} - \alpha_{i,j})\right] + \sin(\beta_{i-1,j} - 90°)\right\} + \right. \\
&\quad \left. \arcsin\left[\frac{h_{i-1,j} - h_{i-2,j}}{l} + \sin(\beta_{i-1,j} - 90°)\right] - \beta_{i-1,j}\right\} - (h_{i-1,j} - h_{i-2,j})
\end{aligned} \tag{6-30}$$

使用模糊逻辑对工作场景进行描述，并根据底板高度变化控制采煤机的输出。模糊方法在记忆截割中的应用可分为以下步骤：

1）确定输入、输出变量，对于因底板高度变化引起的记忆截割执行精度下降，考虑将前后两刀底板高度偏差 e、偏差变化率 c 作为模糊输入；将采煤机摇臂夹角变化 $\Delta\beta_2$ 作为模糊输出。

2）确定输入变量 e、c 和输出变量 $\Delta\beta_2$ 的论域元素和量化因子 k_1、k_2、k_3，根据需要定义各个模糊子集；为了便于计算，需要将输出变量 e、c 和输出变量 $\Delta\beta_2$ 进行归一化处理，使各值满足模糊计算要求。

3）确定模糊控制规则，根据现场操作经验，对不同条件下的采煤机状态进行相应的控制；根据采煤机滚筒调高的特点，确定系统的模糊控制规则。

4）建立模糊控制表。在采煤机运行过程中，通过查询模糊控制表中对应的控制输出，对采煤机滚筒高度的变化进行实时修正，并以此为依据对摇臂夹角进行调节。基于模糊控制理论的采煤机记忆截割路径优化流程如图6-11所示。

优化后的记忆截割预期执行效果如图6-12所示。

如图6-12所示，经过模糊优化的采煤机记忆截割方法在执行时，采煤机滚筒的截割高度能够适应底板高度的变化，当底板高度发生变化时，通过模糊控制方法，输出新的理论截割高度，并以此为依据，调节采煤机滚筒的实际截割高度，使滚筒实际截割高度与新的理论高度一致。

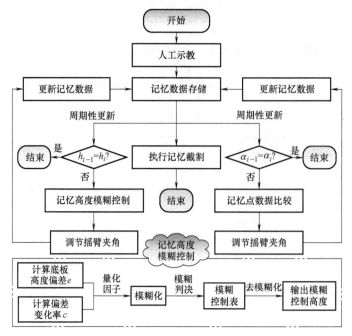

图 6-11 基于模糊控制理论的采煤机记忆截割路径优化流程

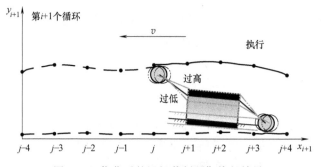

图 6-12 优化后的记忆截割预期执行效果

6.3 基于双坐标系的采煤机截割路径平整性控制方法

由于移架、推溜的顺利进行以及采煤效率的提高需要综采工作面顶板和底板尽量截割平整，为综采装备正常运行提供必要的条件，因此需要对采煤机滚筒截割路径平整性控制方法进行研究。对于采煤机截割路径的平整性控制问题，本节提出一种基于双坐标系的采煤机截割路径平整性控制方法。根据采煤机初始阶段的运行参数建立静态参考坐标系。分析不同时刻动态坐标系下滚筒高度相对于静态参考坐标系的变化关系。根据变化关系和微分理论的连续条件，研究动态运行坐标系中采煤机摇臂倾角的连续性控制方法，以满足采煤机截割路径的平整性要求。

6.3.1　截割路径平整性控制坐标系的建立

1. 静态参考坐标系

生产过程中，随着煤层条件的变化，采煤机机身倾角不断发生变化。在采煤机动态运行过程中，对截割路径进行平整性控制的困难之一在于缺少合适的参考标准，本节建立静态坐标系，作为动态运行坐标系的参考坐标系。静态参考坐标系倾角参数值的确定可以根据事先测得的煤层倾角确定，也可以根据采煤机机载传感器采集到的数据进行计算，如使用极值法对静态参考坐标系的倾角参数 θ 进行计算

$$\theta = \min\{\alpha_i, i = 1, 2, \cdots, n\} \tag{6-31}$$

式中，α_i 为传感器采集到的机身倾角值。

也可以结合现场实际情况选择其他计算方法。设某一时刻静态参考坐标系中的倾角参数为 θ，静态参考坐标系如图 6-13 所示。

2. 动态坐标系

以采煤机机身倾角变化情况为依据，建立动态运行坐标系，动态运行坐标系的倾角参数等于当前机身倾角参数。根据微分控制要求，将采煤机所在动态坐标系变化情况分为以下四种：

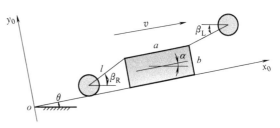

图 6-13　静态参考坐标系

1）动态运行坐标系倾角参数值在小于或等于静态参考坐标系倾角参数值范围内变化时，即 $|\alpha_{i-1}| \leqslant |\theta|$，$|\alpha_i| \leqslant |\theta|$，如图 6-14a 所示。

2）动态运行坐标系倾角参数值在大于或等于静态参考坐标系倾角参数值范围内变化时，即 $|\alpha_{i-1}| \geqslant |\theta|$，$|\alpha_i| \geqslant |\theta|$，如图 6-14b 所示。

3）动态运行坐标系倾角参数值变化前小于静态参考坐标系倾角参数值，变化后大于静态坐标系倾角参数值，即 $|\alpha_{i-1}| < |\theta|$，$|\alpha_i| > |\theta|$，如图 6-14c 所示。

4）动态运行坐标系倾角参数值变化前大于静态参考坐标系倾角参数值，变化后小于静态坐标系倾角参数值，即 $|\alpha_{i-1}| > |\theta|$，$|\alpha_i| < |\theta|$，如图 6-14d 所示。

图 6-14a、b 所示动态运行坐标系中，采煤机姿态的连续变化可以通过微分理论进行控制；图 6-14c、d 所示动态运行坐标系中，采煤机机身倾角的变化过程超出了静态参考坐标系的倾角参数值范围，需要将变化过程分成两个子过程进行控制，分别与图 6-14a、b 所示变化过程相对应。

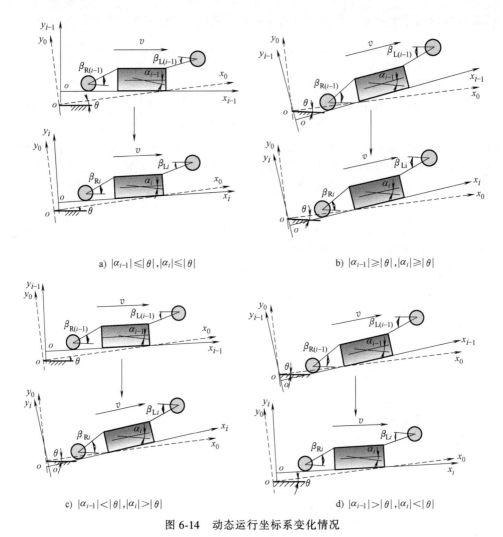

a) $|\alpha_{i-1}| \leqslant |\theta|, |\alpha_i| \leqslant |\theta|$　　　　　　　　b) $|\alpha_{i-1}| \geqslant |\theta|, |\alpha_i| \geqslant |\theta|$

c) $|\alpha_{i-1}| < |\theta|, |\alpha_i| > |\theta|$　　　　　　　　d) $|\alpha_{i-1}| > |\theta|, |\alpha_i| < |\theta|$

图 6-14　动态运行坐标系变化情况

6.3.2　截割过程分析与动态控制方法

1. 截割过程分析

采煤机截割过程中，机身倾角随煤层倾角变化而改变，由于摇臂与机身之间存在铰接关系，滚筒的截割高度也随之发生改变。下面以采煤机后滚筒为例，分析机身倾角变化对截割路径的影响。采煤机后滚筒高度变化过程如图 6-15 所示。采煤机机身倾角由 α_1 变化为 α_2，采煤机摇臂倾角随着机身倾角变化由 β_{R1} 变化为 β_{R2}，采煤机滚筒中心位采煤机后滚筒高度随着机身倾角变化由 h_{R1} 变化为 h_{R2}。

图 6-15a 中，采煤机后滚筒中心距地面的高度 h_{R1} 为

$$h_{R1} = a\sin(\theta-\alpha_1) + b\cos(\theta-\alpha_1) - l\sin(\beta_{R1}-\theta) \tag{6-32}$$

摇臂与机身之间的夹角为：$90° + \alpha_1 - \beta_{R1}$。

图 6-15b 中，采煤机机身倾角由 α_1 变化为 α_2，摇臂与机身之间的夹角保持不变，为 $90° + \alpha_1 - \beta_{R1}$。此时，采煤机后滚筒中心距地面的高度 h_{R2} 为

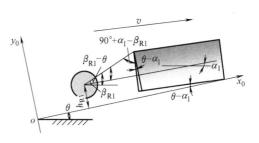

a) 变化前

$$h_{R2} = a\sin(\theta - \alpha_2) + b\cos(\theta - \alpha_2)$$
$$- l\sin[(\beta_{R1} - \theta) - (\alpha_1 - \alpha_2)] \quad (6\text{-}33)$$

摇臂倾角为

$$\beta_{R2} = (\beta_{R1} - \theta) - (\alpha_1 - \alpha_2) + |\theta| \quad (6\text{-}34)$$

当采煤机由图 6-15a 状态变化为图 6-15b 状态时，采煤机后滚筒中心距离地面的高度变化 Δh_{R1} 为

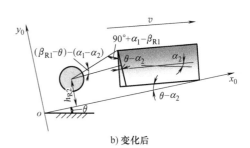

b) 变化后

图 6-15 采煤机后滚筒高度变化过程

$$\Delta h_{R1} = h_{R2} - h_{R1}$$

由图 6-15 可知，对滚筒中心距离地面高度的计算都是在静态参考坐标系中进行的，保证了计算结果的一致性。

2. 动态连续性微分控制

机身倾角发生变化后，通过调节摇臂角度，使滚筒中心在静态参考坐标系中的高度保持不变，以静态参考坐标系为参照坐标系对处于不同动态运行坐标系中的滚筒高度进行调节，满足截割路径平整性要求的目的。对于图 6-15b 中因为机身倾角变化产生的高度变化 Δh_{R1}，通过调节摇臂倾角，使得滚筒在静态参考坐标系中的高度保持不变，调节摇臂倾角后的滚筒高度如图 6-16 所示。

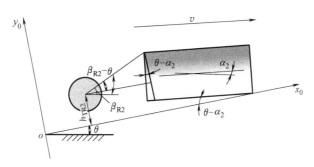

图 6-16 调节摇臂倾角后的滚筒高度

当机身倾角由 α_1 变化为 α_2 时，采煤机摇臂倾角随着机身倾角变化由 β_{R1} 变化为 β_{R2}，调节右摇臂倾角由 β_{R2} 变化为 β_{R1}，滚筒中心高度随着右摇臂倾角变化，

由 h_{R2} 变化为 h_{TR2}，图 6-16 中，调节后的采煤机滚筒中心距地面高度 h_{TR2} 为

$$h_{TR2} = a\sin(\theta-\alpha_2) + b\cos(\theta-\alpha_2) - l\sin(\beta_{R2}-\theta) \qquad (6-35)$$

在调节摇臂倾角的过程中，采煤机后滚筒中心距离地面的高度变化 Δh_{R2} 为

$$\Delta h_{R2} = h_{R2} - h_{TR2}$$

为了获得较为平整的截割路径，应满足：$\Delta h_{R1} = \Delta h_{R2}$，即 $h_{R1} = h_{TR2}$

$$a\sin(\theta-\alpha_1) + b\cos(\theta-\alpha_1) - l\sin(\beta_{R1}-\theta) = a\sin(\theta-\alpha_2) + b\cos(\theta-\alpha_2) - l\sin(R_{R2}-\theta)$$

$$(6-36)$$

对于固定的静态参考坐标系，倾角参数 θ、$\sin\theta$、$\cos\theta$ 是确定的值，设 $\sin\theta = k_1$，$\cos\theta = k_2$。根据图 6-15a 和 b 中采煤机所处的位置关系，有：$\alpha_2 = \alpha_1 + \Delta\alpha$，$\beta_{R2} = \beta_{R1} + \Delta\beta_R$ 时，当 $\Delta\alpha$、$\Delta\beta_R \to 0$ 时，有 $\alpha_2 \to \alpha_1$，$\beta_{R2} \to \beta_{R1}$，将上述条件代入式（6-36），可得

$$\beta_{R2} = \beta_{R1} + \frac{bk_1\sin\alpha_1 - bk_2\cos\alpha_1}{lk_1\sin\beta_{R1} + lk_2\cos\beta_{R1}}(\alpha_2-\alpha_1) - \frac{ak_1\cos\alpha_1 + ak_2\sin\alpha_1}{lk_1\sin\beta_{R1} + lk_2\cos\beta_{R1}}(\alpha_2-\alpha_1) \quad (6-37)$$

因此，当机身倾角在 $|\alpha| \leqslant |\theta|$ 范围内变化时，可按照式（6-37）对摇臂倾角进行实时调节，调整采煤机滚筒的截割高度，保持截割路径基本平整。

根据式（6-37）的计算方法，对处于不同区间变化的调节方法进行类似计算，前滚筒摇臂倾角的计算方法为

$$\beta_{Li} = \begin{cases} \beta_{L(i-1)} + \dfrac{bk_1\sin\alpha_{i-1} - bk_2\cos\alpha_{i-1}}{lk_2\cos\beta_{L(i-1)} - lk_1\sin\beta_{L(i-1)}}(\alpha_i-\alpha_{i-1}) & |\alpha_{i-1}| \leqslant |\theta|,\ |\alpha_i| \leqslant |\theta| \\ & (6\text{-}38\text{a}) \\ \beta_{L(i-1)} + \dfrac{bk_2\cos\alpha_{i-1} - ak_2\sin\alpha_{i-1} - ak_1\cos\alpha_{i-1} - bk_1\sin\alpha_{i-1}}{lk_1\sin\beta_{L(i-1)} - lk_2\cos\beta_{L(i-1)}}(\alpha_i-\alpha_{i-1}) & |\alpha_{i-1}| \geqslant |\theta|,\ |\alpha_i| \geqslant |\theta| \\ & (6\text{-}38\text{b}) \end{cases}$$

同理，后滚筒摇臂倾角的计算方法为

$$\beta_{Ri} = \begin{cases} \beta_{R(i-1)} + \dfrac{bk_1\sin\alpha_{i-1} - bk_2\sin\alpha_{i-1} - ak_1\cos\alpha_{i-1} - ak_2\sin\alpha_{i-1}}{lk_1\sin\beta_{R(i-1)} + lk_2\cos\beta_{R(i-1)}}(\alpha_i-\alpha_{i-1}) & |\alpha_{i-1}| \leqslant |\theta|,\ |\alpha_i| \leqslant |\theta| \\ & (6\text{-}39\text{a}) \\ \beta_{R(i-1)} + \dfrac{bk_2\cos\alpha_{i-1} - bk_1\sin\alpha_{i-1}}{lk_1\sin\beta_{R(i-1)} + lk_2\cos\beta_{R(i-1)}}(\alpha_i-\alpha_{i-1}) & |\alpha_{i-1}| \geqslant |\theta|,\ |\alpha_i| \geqslant |\theta| \\ & (6\text{-}39\text{b}) \end{cases}$$

至此，得出采煤机截割路径的平整性控制实现过程如图 6-17 所示。

6.3.3 试验验证

以平顶山天安煤业股份有限公司六矿某工作面为试验场所，对现场数据进行采集和分析。在采煤机左、右摇臂和机身内部安装倾角传感器，分别测量采煤机左、右摇臂倾角和机身倾角，倾角传感器安装位置如图 6-18 所示。采煤机运行时，以

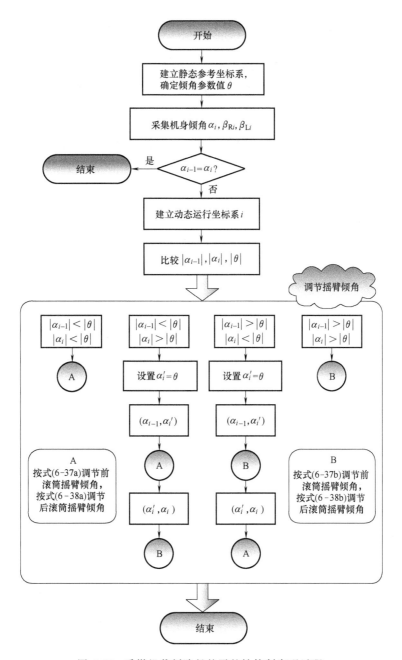

图 6-17 采煤机截割路径的平整性控制实现过程

1Hz 的采样频率采集采煤机左、右摇臂倾角值和机身倾角值，根据采煤机几何参数和传感参数计算出前、后滚筒高度值。在此基础上，采用本节提出的基于双坐标系的截割路径平整性控制方法进行仿真试验。

仿真试验通过控制采煤机摇臂倾角的变化，补偿因机身倾角变化引起的滚筒高

a) 采煤机摇臂倾角传感器　　　　　　b) 采煤机机身倾角传感器

图 6-18　倾角传感器安装位置

度变化，实现以平整性为目的的采煤机截割路径控制。根据倾角传感器采集到的机身倾角参数值，得出采样区间内的机身倾角的最小值为-4.51°，选择静态参考坐标系的倾角参数为-4°。对提出的方法进行仿真验证，采样范围内的仿真试验输出结果如图 6-19 所示。

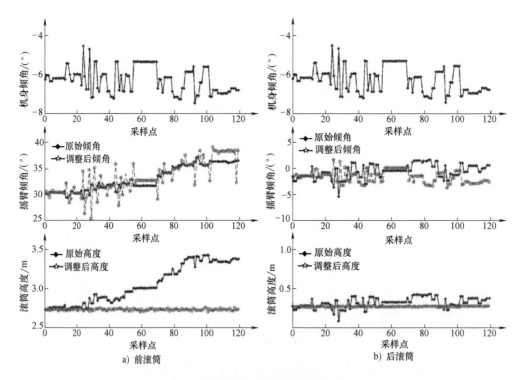

a) 前滚筒　　　　　　　　　　　b) 后滚筒

图 6-19　采样范围内的仿真试验输出结果

对仿真结果进行统计分析，可以得到：使用控制方法前综采工作面采煤机截割顶板的平整度较差，容易出现顶板支护不到位的情况；底板截割路径起伏明显，不利于刮板输送机设备的推移和液压支架拉架等动作的实现。使用本节提出的方法对滚筒截割高度进行实时控制后，前滚筒的截割路径高度差由原来的 0.704m 减小为 0.047m，减小了 93.3%，标准偏差由原来的 0.247m 减小为 0.010m，减小了 96.0%；后滚筒的截割路径高度差由原来的 0.343 m 减小为 0.008m，减小了 97.7%，标准偏差由原来的 0.065m 减小为 0.002m，减小了 97.0%，有效改善了采煤机截割路径的平整性。

参 考 文 献

［1］ DEMPSTER A P. Upper and lower probabilities induced by a multi-valued mapping [J]. Institute of Mathematical Statistics, 1967, 38: 325-339.

［2］ SHAFER G. A mathematical theory of evidence [M]. Princeton: Princeron University Press, 1976, 10-40.

［3］ 李巍华，张盛刚. 基于改进证据理论及多神经网络融合的故障分类 [J]. 机械工程学报, 2010, 46 (9): 93-99.

［4］ KHANMIRZA E, KHAJI N, KHANMIRZA E. Identification of linear and non-linear physical parameters of multistory shear buildings using artificial neural network [J]. Inverse Problems in Science and Engineering, 2015, 23 (4): 670-687.

［5］ GHIASSI M, LIO D, MOON B. Pre-production forecasting of movie revenues with a dynamic artificial neural network [J]. Expert Systems with Applications, 2015, 42 (6): 3176-3193.

［6］ GAO S G, DONG H R, NING B, et al. Adaptive fault-tolerant automatic train operation using RBF neural networks [J]. Neural Computing & Applications, 2015, 26 (1): 141-149.

［7］ AKBILGIC O, BOZDOGAN H, BALABAN M E. A novel hybrid RBF neural networks model as a forecaster [J]. 2014, 24 (3): 365-375.

［8］ 刘春生，陈金国. 单向示范刀采煤机记忆截割的模糊自适应 PID 控制仿真 [J]. 辽宁工程技术大学学报（自然科学版），2013, 32 (01): 85-88.

［9］ 樊启高，李威，王禹桥，等. 一种采用灰色马尔科夫组合模型的采煤机记忆截割算法 [J]. 中南大学学报（自然科学版），2011, 42 (10): 3054-3058.

［10］ 刘春生，陈金国. 基于单示范刀采煤机记忆截割的数学模型 [J]. 煤炭科学技术，2011, 39 (3): 71-73, 103.

［11］ 周斌，王忠宾. 灰色系统理论在采煤机记忆截割技术中的应用 [J]. 煤炭科学技术，2011, 39 (3): 74-76, 99.

［12］ 张丽丽，谭超，王忠宾，等. 基于遗传算法的采煤机记忆截割路径优化 [J]. 煤炭工程，2011 (2): 111-113.

第7章

综采工作面煤壁片帮识别技术

　　煤壁片帮是综采工作面常见的危害之一。煤壁片帮主要有两种形式：煤壁上部的弧形滑动片帮和煤壁中部的台阶式片帮。割煤工序完成后，顶煤形成"拱式"结构，对煤壁上部区域的稳定具有一定积极作用，煤壁片帮后，"拱式"结构遭到破坏，顶煤具有了冒落所需的通道和流动空间，促使了顶煤冒落，进而导致顶板条件恶化，进一步引发煤壁片帮冒顶事故的发生（见图7-1）。严重的煤壁片帮冒顶会导致液压支架泄漏以及支架结构件损坏，片帮量过大会导致工作面刮板输送机负载突变，损坏驱动电动机，威胁采区电网稳定性，影响整个综采工作面的生产安全。

a) 综采工作面弧形煤壁片帮

b) 综采工作面冒顶

c) 综采工作面区域煤壁片帮

图 7-1　综采工作面煤壁片帮冒顶

综合近年来关于煤壁片帮防治的相关文献与报道，可以看出国内外学者对相关技术进行了大量研究，并取得了一定成果，但是仍然存在以下两个方面的问题：

1）国内外学者和机构经过长期大量研究，在煤壁片帮发生机理与防治方面取得了较多的成果，但是这些方法对煤壁片帮发生的时间、区域和量的监控较少，不能满足综采自动化和智能化对煤壁片帮安全监控方面的要求，因此，需要对煤壁片帮过程监控方法进行研究，以保护综采装备。

2）近年来，机器视觉技术快速发展，并在煤矿生产中有了应用。但是，由于综采工作面条件恶劣，监控图像质量较差，使基于机器视觉的综采工作面煤壁片帮识别技术相对复杂，目前，煤壁片帮自动识别技术尚未有实际应用。

课题组基于机器视觉技术，在不改变传统综采工作面生产方式的基础上，通过在液压支架上安装防爆摄像头，对煤壁片帮监控视频进行分析，提取煤壁片帮特征，并在此基础上评估煤壁片帮的危害程度，帮助监控人员及时发现大规模煤壁片帮，及时采取措施调整刮板输送机、采煤机与液压支架的工作状态，避免因煤壁片帮导致的安全事故。

7.1 基于混合算法的综采工作面监控图像增强方法

综采工作面实际生产过程中存在粉尘量多、光照条件简陋等情况，导致综采工作面煤壁片帮监控图像出现雾化、眩光和照度不均等问题，低质量的煤壁片帮监控图像会降低下一阶段煤壁片帮特征分析的效果。因此，增强综采工作面监控图像质量是综采工作面煤壁片帮识别的重要内容之一。本节结合了单尺度 Retinex 算法和双边滤波算法，提出了一种混合图像增强算法，利用双边滤波减少输入图像中的噪声，解决单尺度 Retinex 算法去噪能力弱的问题。

7.1.1 综采工作面监控图像特性分析

综采工作面是装备液压支架、刮板输送机与采煤机等设备的综合采煤工作面，其中，采煤机为主要采煤设备，它在割煤时产生大量粉尘与水雾，加上综采工作面的光照条件简陋，综采工作面监控图像的质量一般较差。目前，综采工作面监控图像中通常存在以下问题：

1）综采工作面监控图像多为单通道灰度图像。由于综采工作面光照条件不足，目前，综采工作面摄像机多采用低照度红外防爆摄像头，因此，综采工作面的监控图像多为单通道灰度图像。

2）雾化问题。采煤机依靠截齿旋转割煤完成落煤和碎煤过程，依靠螺旋截割头将煤装载到刮板输送机上。采煤过程中，截割滚筒截割煤壁会产生大量粉尘，为减少粉尘量，截齿附近的喷嘴将喷出高压水雾以达到降尘目的。但是，粉尘并不能完全降落，加上受喷出的水雾影响，综采工作面监控图像中会产生雾化现象，不仅降低了综采工作面能见度，而且降低了综采工作面监控图像的清晰度。

3）眩光与照度不均等问题。综采工作面的照明光源为分布式点光源，加上人员与设备的移动影响光线的反射，导致在远离照明光源的区域出现照度不足的现象，而在靠近照明光源的区域则会出现眩光现象，眩光与照度不均等问题也将降低综采工作面监控图像的质量。

为了解决综采工作面监控图像中出现的雾化、眩光和照度不均等问题，本节结合单尺度 Retinex 与双边滤波提出一种混合图像增强算法来提升综采工作面监控图像质量。单尺度 Retinex 算法是较好的去雾化和增强对比度方法，双边滤波具有较好的边缘保留去噪特性。

7.1.2　基于双边滤波与单尺度 Retinex 的混合图像增强算法

1. 单尺度 Retinex 算法

Retinex 一词是由 Retina（视网膜）与 Cortex（大脑皮层）合成所得，Retinex 理论是由 Land 和 McCann 在 1971 年首次提出，它诠释了不同光照条件下人眼对同一物体颜色的判断保持不变的原理[1-3]。Retinex 理论认为人类视觉的形成可总结为以下两个过程：①外界图像信息传递到视网膜，视网膜去除外界光源的干扰；②经过视网膜处理后的图像信息传输至大脑，经过大脑的后续处理产生视觉。

原始图像 $L(x, y)$ 与亮度图像 $I(x, y)$、反射图像 $R(x, y)$ 之间的关系见式 (7-1)[4,5]

$$L(x,y) = I(x,y)R(x,y) \tag{7-1}$$

其中，x，y 分别是像素点位置的坐标索引。

从式 (7-1) 可以看出，原图像可以表示为反射图像与亮度图像的乘积，而物体实际被看到的颜色主要依赖于物体的反射图像，与亮度图像并无明显关系，因此若能从原始图像当中提取出反射图像分量，即从原图像中去除亮度图像，便可达到增强原图像的目的。

基于上述原理，Jobson、Rahman 和 Woodell 三人在 1997 年提出了单尺度 Retinex 算法（SSR）[6]，他们将式 (7-1) 两边进行对数处理，将亮度图像和反射图像的乘积形式转换为加减形式，见式 (7-2)。

$$\log R(x,y) = \log L(x,y) - \log I(x,y) \tag{7-2}$$

由式 (7-2) 可知，通过预估亮度图像 $I(x, y)$，再从原图像中减去该亮度图像，即可求解出反射图像 $R(x, y)$，从而达到增强原图像的目的。如何有效地估计亮度图像就是关系到 Retinex 算法效果的关键点，试验证明，高斯函数 $G(x, y)$ 可以较好地从原图像中估计出亮度图像，因此，单尺度 Retinex 算法的原理可由图 7-2 与式 (7-3) 表示。

$$\log R(x,y) = \log L(x,y) - \log[G(x,y) * L(x,y)] \tag{7-3}$$

$$G(x,y) = \frac{1}{2\pi\sigma^2} e^{\frac{-(x^2+y^2)}{2\sigma^2}} \tag{7-4}$$

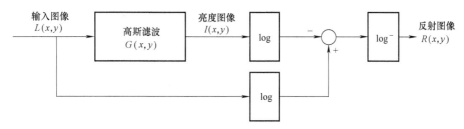

图 7-2 单尺度 Retinex 算法的原理

式中，σ 是高斯函数的尺度参数；$*$ 表示卷积运算。

目前，SSR 算法已广泛用于图像去雾、对比度增强等领域[7,8]，取得了良好的效果。虽然 SSR 具有去雾化和增强对比度的能力，但是它不具备去除噪声的能力，原图像中的噪声会残留在增强后的图像当中，造成图像质量下降。图 7-3 所示为经 SSR 增强后的图像残留噪声的实例，从图 7-3b 可以看出，虽然图像的对比有所增强，但是噪声点密布于处理后的图像之中，图像质量受到较大影响。

a) 原图   b) SSR 处理后

图 7-3 经 SSR 增强后图像残留噪声的实例

2. 双边滤波算法

双边滤波是由 Tomasi 和 Manduchi 在 1998 年提出的[9]，它是一种非线性空间滤波器，能够在实现空间均匀滤波的同时，较好地保留图像中的边缘信息，是一种有效的图像去噪技术。双边滤波本质上是对空间连续且具有相近像素值的点进行加权平均，它在高斯滤波的基础上增加了一个像素距离判断函数，当像素点的像素值相差较大时，像素距离判断函数会减小滤波核在该点的权重，即双边滤波根据像素点的空间距离与像素值距离来决定其滤波核的权重。双边滤波的原理如图 7-4 所示。当对输入图像内箭头指向点进行滤波（用其临近点加权平均值代替原值）时，与该点异侧的点与所示点像素值差较大，获得较小的像素值距离权重；与所示点位于边缘同侧的像素点获得较大的像素值距离权重，对滤波结果有较大贡献，因此，权重乘积呈峭壁状。在经过此权重乘积滤波而得到的输出图像中，噪声得到有效平滑，且边缘信息也得到有效保留[10]。

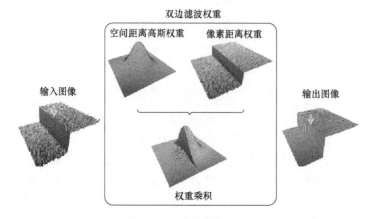

图 7-4　双边滤波的原理

双边滤波可用式（7-5）表示

$$A'(\boldsymbol{p}) = \frac{1}{k(\boldsymbol{p})} \sum_{\boldsymbol{q} \in \Omega} g_{\mathrm{d}}(\boldsymbol{q} - \boldsymbol{p}) g_{\mathrm{r}}(A(\boldsymbol{q}) - A(\boldsymbol{p})) A(\boldsymbol{q}) \tag{7-5}$$

其中，$k(\boldsymbol{p})$ 是归一化常量，表示为

$$k(\boldsymbol{p}) = \sum_{\boldsymbol{q} \in \Omega} g_{\mathrm{d}}(\boldsymbol{q} - \boldsymbol{p}) g_{\mathrm{r}}(A(\boldsymbol{q}) - A(\boldsymbol{p})) \tag{7-6}$$

空间距离高斯权重函数 g_{d} 表示为

$$g_{\mathrm{d}}(\boldsymbol{x}) = \exp(-\|\boldsymbol{x}\|_2^2 / 2\sigma_{\mathrm{d}}^2) \tag{7-7}$$

像素距离高斯权重函数 g_{r} 表示为

$$g_{\mathrm{r}}(\boldsymbol{x}) = \exp(-x^2 / 2\sigma_{\mathrm{r}}^2) \tag{7-8}$$

式（7-5）~式（7-8）中，$\boldsymbol{p}$ 和 $\boldsymbol{q}$ 是二维向量，分别表示原图像中的一点及其邻近区域内的一点；$A(\boldsymbol{p})$ 和 $A'(\boldsymbol{p})$ 分别是 $\boldsymbol{p}$ 像素点处原图像和滤波后图像的像素值；Ω 是 $\boldsymbol{q}$ 的相邻区域；σ_{d} 是空间距离高斯权重函数的尺度参数；σ_{r} 是像素距离高斯权重函数的尺度参数；g_{d} 根据像素中心点与邻近区域内像素点的空间距离来设置空间距离权重，空间距离越远，权重越小，空间距离越近，权重越大；g_{r} 根据像素中心点与邻近区域内像素点的像素值差来设置像素距离权重，像素值差越大，权重越小，像素值差越小，权重越大。空间距离尺度参数 σ_{d} 与像素距离尺度参数 σ_{r} 的设置对于双边滤波器的性能有着至关重要的影响，目前还未有完善的理论可以作为选择 σ_{d} 与 σ_{r} 的依据，σ_{d} 与 σ_{r} 的选取不当可能会导致图像细节的丢失、噪声残留等问题。目前，为了选取最优参数，避免由于参数选取不当导致的问题，实际应用中大多采取多组参数试凑取最优的方法确定合适的 σ_{d} 与 σ_{r}。

3. 混合图像增强算法

（1）算法框架　在单尺度 Retinex 算法与双边滤波算法的基础上，利用双边滤波边缘保留的去噪特性，对单尺度 Retinex 算法的输入图像进行增强，减少输入图像中的噪点，增强输入图像的边缘信息。混合图像增强算法的框架如图 7-5 所示。亮度图像由高斯函数估计所得，输入图像经双边滤波去噪后再与亮度图像求对数差，进而输出反射图像。

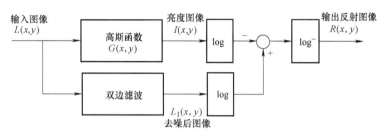

图 7-5　混合图像增强算法的框架

（2）亮度估计　混合图像增强算法采用单尺度 Retinex 算法中亮度图像的估计方法，利用高斯函数从输入图像中估计亮度图像，见式（7-9）

$$I(x,y) = \frac{1}{2\pi\sigma^2} e^{\frac{-(x^2+y^2)}{2\sigma^2}} * L(x,y) \tag{7-9}$$

式中，σ 是高斯函数的尺度参数；$*$ 表示卷积运算。

σ 的取值对亮度图像的估计效果具有决定性的作用。σ 的值越大，对应的高斯函数越平坦，在对某一像素点进行滤波时，领域内的其他点对该点的影响也就越大，导致输出图像的色彩平衡较好，但是图像细节较差；反之，σ 的值越小，输出图像的细节越突出，但是色彩平衡较差。在一般情况下，为保持图像色彩与边缘信息之间的平衡性，尺度参数取值为 50~100。

（3）输入图像双边滤波去噪　单尺度 Retinex 算法无去除噪声的能力，输入图像中的噪声会残留在增强后的图像之中，由于增强后的图像对比度增加，噪声也随之被放大突出。因此，在求反射图像之前，首先对原图像使用双边滤波进行去噪，从根源上减少噪声。加入双边滤波的实际效果如图 7-6 所示。图 7-6b 与图 7-6a 相比，噪声明显减少，且边缘信息保持较好。

7.1.3　基于混合算法的综采工作面监控图像增强试验分析

1. 试验准备

为了验证混合图像增强算法对综采工作面监控图像的实际增强效果，本节从平顶山天安煤业股份有限公司六矿某综采工作面的监控视频中选取了受雾化、低照度和眩光三种恶劣工况影响的四幅监控图像作为原始试验图像，试验图像尺寸为 349×286，如图 7-7 所示。由于综采工作面生产条件的限制，综采工作面的监控图像多

a) 去噪前　　　　　　　　　　　　　　　　b) 去噪后

图 7-6　加入双边滤波的实际效果

图 7-7　原始图像

为单通道灰度图像，因此，本节选取的原始图像也为单通道灰度图像。

　　试验的硬件环境为：CPU 为 i3-2310M，内存为 4GB，显卡为 AMD 6630M，硬盘容量为 500GB 的计算机。试验的软件环境为：Windows7 系统下的 Microsoft Visual Studio 2012 与 OpenCV 2.4.11，其中 OpenCV 是一个多平台计算机视觉库，包含了用于图像处理和机器视觉领域的多种基础算法的调用接口。混合图像增强算法通过 C++编程语言及 OpenCV 库实现。

2. 算法参数选取

所需设置的参数有：亮度图像估计所用到的高斯函数的尺度参数 σ 以及滤波模板尺寸 S_1，双边滤波器的空间距离尺度参数 σ_d、像素距离尺度参数 σ_r 和双边滤波器滤波模板的尺寸 S_2。上述参数的选取过程如下：

（1）σ 的选取 σ 的可取值范围为 $50 \sim 100$，此处取中间值 75，即 $\sigma = 75$。

（2）S_1 的选取 S_1 的大小对亮度图像的估计效果也具有较大的影响，为了选取最优的 S_1 值，本节在 $\sigma = 75$ 的条件下，取多组 S_1 值（奇数），对图 7-7a 使用 SSR 算法，根据人眼主观判断选取获得最优增强效果的 S_1 值，不同 S_1 值对应的 SSR 增强效果如图 7-8 所示。可以看出，S_1 的值越大，SSR 的增强效果越好，当 S_1 的值大于 21 时，增强效果趋近相同。然而，S_1 的取值过大，会增加算法的计算量，增加算法处理时间，降低算法效率。因此，在综合考虑增强效果和算法效率的基础上，选取 $S_1 = 21$。

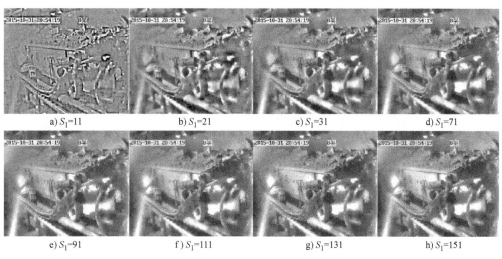

a) $S_1=11$ b) $S_1=21$ c) $S_1=31$ d) $S_1=71$

e) $S_1=91$ f) $S_1=111$ g) $S_1=131$ h) $S_1=151$

图 7-8 不同 S_1 值对应的 SSR 增强效果

（3）σ_d 的选取 根据文献［11］，σ_d 对双边滤波表现的影响较小，σ_d 越大，双边滤波器的平滑效果越好。对于高斯白噪声，σ_d 可取较小值；对于一般噪声，σ_d 应取较大值，取 $\sigma_d = 100$。

（4）S_2 的选取 为了选取较优的 S_2，将其余参数设置为：$\sigma = 75$，$S_1 = 21$，$\sigma_d = 100$，暂时选取 $\sigma_r = 7$，S_2 取不同值（奇数），通过主观评价、峰值信噪比（PSNR）与均方误差（MSE）来选取较优的 S_2。

PSNR 与 MSE 是客观评价图像的去噪效果的两种指标，一般情况下，PSNR 较高、MSE 较低的图像，质量较好。但是，PSNR 与 MSE 并不是严格准确的，它们给出的数值，与图像的主观感知质量之间没有必然联系，只能作为某种程度上的参考。

两个 $m \times n$ 单色图像 I 和 K，K 为参照图像，(i,j) 表示像素坐标，MSE 可由式（7-10）表示

$$MSE = \frac{1}{mn}\sum_{i=0}^{m-1}\sum_{j=0}^{n-1}\left[I(i,j) - K(i,j)\right]^2 \tag{7-10}$$

PSNR 可由式（7-11）表示

$$PSNR = 10\log_{10}\left(\frac{MAX_I^{\,2}}{MSE}\right) \tag{7-11}$$

其中，MAX_I 是图像的最高灰度级。

不同 S_2 值对应的本节改进的单尺度 Retinex 算法增强效果如图 7-9 所示。为了更清楚地显示图像的细节，图像中方框内的部分已被放大。从图 7-9 可以看出，当 $S_2 > 7$ 时，去噪效果较好，随着 S_2 增大，效果逐渐变优；当 $S_2 = 51$ 时，图像去噪效果最好，但算法处理时间过长，这就导致消耗过多的处理时间却获得有限的去噪效果回报。利用 MSE 和 PSNR，可以找到一个去噪效果与处理时间综合最优的 S_2 值。令 S_2 取 [7, 51) 区间内的奇数值，$S_2 = 51$ 时的处理结果作为参照图像，分别计算去噪后图像的 MSE 和 PSNR 值（见图 7-10）。

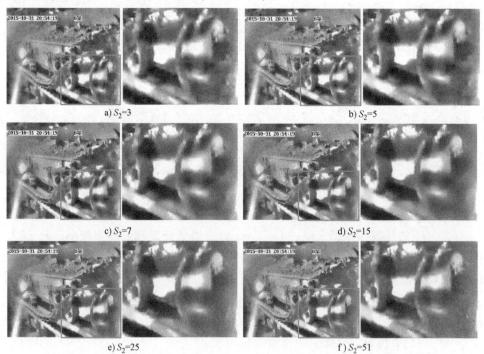

a) $S_2 = 3$　　　　　　　　　　　　b) $S_2 = 5$

c) $S_2 = 7$　　　　　　　　　　　　d) $S_2 = 15$

e) $S_2 = 25$　　　　　　　　　　　　f) $S_2 = 51$

图 7-9　不同 S_2 值对应的本节改进的单尺度 Retinex 算法增强效果

由图 7-10 可以看出，当 $S_2 > 15$ 时，MSE 与 PSNR 的值随 S_2 的增加，变化缓慢，即去噪效果变优的趋势减弱，这就意味着更多处理时间投入只能获得有限的去噪回报，因此，选取 $S_2 = 15$。

（5） σ_r 的选取

σ_r 对双边滤波器的边缘保留特性具有重要影响，σ_r 过大，将造成滤波后图像边缘模糊；σ_r 过小，则会导致

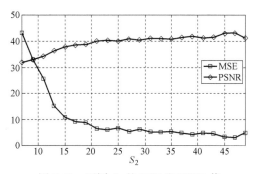

图 7-10　不同 S_2 的 MSE 和 PSNR 值

不能完全去除噪声。为了选取较优的 σ_r，将其余参数设置为已选取的值：$\sigma = 75$，$S_1 = 21$，$S_2 = 15$，$\sigma_d = 100$，σ_r 取不同值，通过人眼主观评价、PSNR 与灰度级图像模糊度评价指标（MMHM）来选取较优的 σ_r。不同 σ_r 值对应的本节图像增强效果如图 7-11 所示。

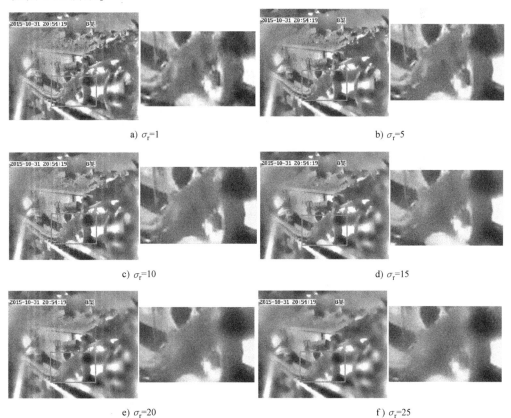

a) $\sigma_r = 1$　　　　　　　　　　b) $\sigma_r = 5$

c) $\sigma_r = 10$　　　　　　　　　　d) $\sigma_r = 15$

e) $\sigma_r = 20$　　　　　　　　　　f) $\sigma_r = 25$

图 7-11　不同 σ_r 值对应的本节图像增强效果

从图 7-11 可以看出，当 $\sigma_r < 5$ 时，噪声不能完全去除；当 $\sigma_r > 10$ 时，物体边缘被过度模糊。因此，σ_r 应取值在 [5，10]。为了在 [5，10] 选取去噪效果最优且图像模糊程度较低的 σ_r，本节使用 PSNR 与 MMHM 构成的综合评价函数 A 选取最优 σ_r。其中，MMHM 可由式 (7-12) 表示，图像越模糊，该值越小。综合评价函数 A 见式 (7-13)，A 值应越大越好。

$$F_{MMHM} = \sum_{k>T} kH_k \tag{7-12}$$

式中，k 是灰度级；H_k 是灰度级 k 的像素点所占的比例；T 是图像的灰度均值。

$$A = PSNR + F_{MMHM} \tag{7-13}$$

当 $\sigma_r \in [5,10)$ 时，$\sigma_r = 10$ 时的图像作为 PSNR 的参考图像，不同 σ_r 值对应的本节图像增强方法的综合评价函数 A 的值如图 7-12 所示。从图 7-12 可以看出，当 $\sigma_r = 8.9$ 时 A 值最优，因此选取参数 $\sigma_r = 8.9$。

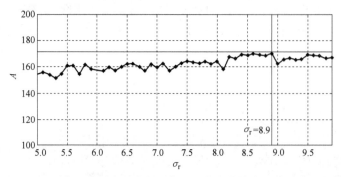

图 7-12 不同 σ_r 值对应的本节图像增强方法的综合评价函数 A 的值

综上所述，用于综采工作面监控图像增强算法选取的参数为：$\sigma = 75$、$S_1 = 21$、$S_2 = 15$、$\sigma_d = 100$、$\sigma_r = 8.9$。

3. 结果分析

(1) 去噪效果分析　本节设计的图像增强算法与标准 SSR 的增强效果对比如图 7-13 所示。为了更清晰地展示试验结果，图 7-13 方框中的局部区域已被放大，对比图如图 7-14 所示。从图 7-13 可以看出，SSR 与本节算法都使图像内亮度更加均衡，物体轮廓更加清晰，从图 7-14 可以看出，本节算法与 SSR 比较，噪点明显减少，且边缘信息保持良好，图像的主观视觉效果更优。使用像素值标准差客观反映去噪效果，该值较小则去噪效果较优，表 7-1 所示为像素值标准差的对比。从表 7-1 可以看出，本节算法增强后图像的像素值标准差均小于 SSR 增强后图像，表明本文设计的算法去噪效果较优。

表 7-1　像素值标准差的对比

图像编号	a	b	c	d
SSR	54.84	56.78	53.67	55.67
本节算法	54.43	56.17	53.11	55.47

原图

S S R

本节算法

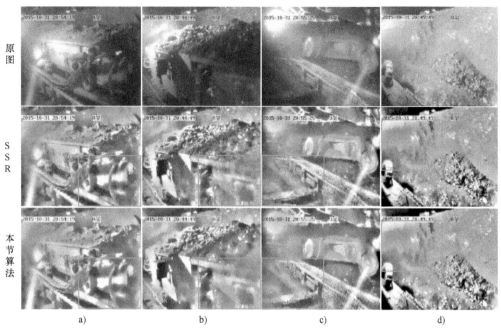

a) b) c) d)

图 7-13 本节设计的图像增强算法与标准 SSR 的增强效果对比

S S R

本节算法

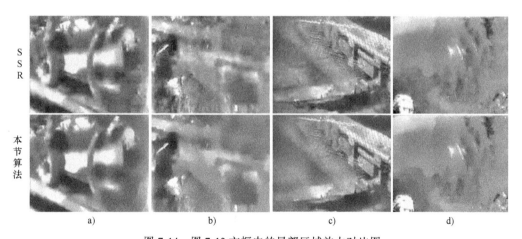

a) b) c) d)

图 7-14 图 7-13 方框中的局部区域放大对比图

（2）图像增强效果分析 为了分析本节设计算法图像增强的效果，与同态滤波、直方图均衡、SSR、文献［12］的改进 SSR 算法（简称 SSR1）与文献［13］的改进 SSR 算法（简称 SSR2）进行了对比，对比结果如图 7-15 所示。从图 7-15 可见，同态滤波与直方图均衡处理后的图像存在亮度不均、较暗区域中物体难以辨识的缺点；SSR、SSR1 与 SSR2 处理后的图像亮度更加均匀，图像的清晰度和对比度得到一定程度的提升，但是图像中都存在噪声；本节算法在增强图像清晰度和对比度的同时，减少了图像中的噪声点，且较好地保留了边缘信息。

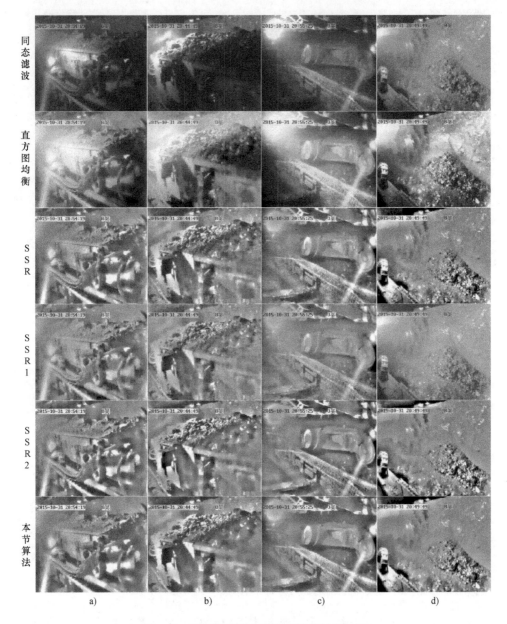

图 7-15　不同算法图像增强的效果对比结果

7.2　基于背景差分法的煤壁片帮特征分析方法

煤壁片帮特征分析是综采工作面煤壁片帮识别的基础，所得煤壁片帮特征为下一阶段的煤壁片帮危害程度评估提供了依据。本节建立了由煤壁片帮特征指标和煤壁片帮特征分析方法组成的煤壁片帮特征分析体系，选取了煤壁片帮时间、煤壁片帮面积、煤壁片帮区域高度和煤壁片帮中心高度四个主要指标，探究了基于双学习率高斯混合背景模型的煤壁片帮特征分析方法，煤壁片帮特征分析方法包括煤壁片帮区域提取与煤壁片帮特征提取两个部分。

7.2.1　背景差分法

1. 背景差分法的基本原理

背景差分法是一种适用于在固定场景中进行运动目标检测的常用算法[14]。在背景差分法中，图像由前景与背景组成，前景即当前场景中需检测的运动目标，背景即相对于运动目标而言可认为是静止的场景，通过将当前图像帧与背景图像进行差分，即可得到灰度值变化较大的前景区域，从而检测出运动目标。背景差分法的原理框图如图 7-16 所示。

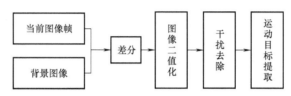

图 7-16　背景差分法的原理框图

背景差分法的复杂度低，算法执行效率较高，可满足高实时性的要求，适用于固定或背景缓慢变化的场景。然而，该方法对外界变化非常敏感，例如天气的变化、光照条件的改变及动态背景（如晃动的树枝），这些应被当作背景的因素极易被当作前景检测出来，影响检测结果的准确度。因此，建立高适应性的背景模型是背景差分法的一个难点，常用的背景模型有高斯背景模型和高斯混合背景模型。

2. 高斯背景模型

高斯背景模型是一种基于高斯分布的背景建模方法，相较于平均值背景建模法、中值背景建模法等背景建模方法有较好的背景稳定性。该方法认为连续视频序列图像的同一像素位置处的像素值集合服从高斯分布，利用高斯分布函数为每一个像素点建立不同的背景模型，并根据当前帧图像实时更新背景模型，这一定程度上解决了前景检测敏感度过高的问题。

假设图像中某位置处的像素值分别为

$$\{I_{1,x}, I_{2,x}, I_{3,x}, \cdots, I_{t,x}\}$$

式中，t 是时间标记；x 是像素位置；为简化表示，I 是单通道灰度图像像素值。

在 t 时刻，像素值 $I_{t,x}$ 属于背景的概率可表示为

$$P(I_{t,x}) = N(I_{t,x} \mid \mu_{t-1,\xi}, \sigma^2_{t-1,x}) \tag{7-14}$$

其中，N 表示高斯分布

$$N(I|\mu,\sigma^2) = \frac{1}{\sqrt{2\pi\sigma^2}} \exp\left[-\frac{(I-\mu)^2}{2\sigma^2}\right] \tag{7-15}$$

式中，μ 是高斯分布的均值；σ^2 是高斯分布的方差。

该方法适用于光照变化缓慢，背景场景固定的情形。但在光照条件变化较大、场景中存在动态背景等情况下，单个像素点的像素值将隶属于多个高斯分布，该方法则缺少足够的稳定性，导致其性能急剧下降。

3. 高斯混合背景模型

高斯混合背景模型[15]最早由 Stauffer 与 Grimson 两位学者提出，用于在复杂场景下建立稳定且适应性强的背景模型，这些复杂场景包括阴影变化、光照条件变化、背景中的动态元素（如晃动的树枝）、慢速运动的目标、运动目标的进入与移除。

根据背景的自然特性，背景可分为单模态背景与多模态背景，单模态背景指背景的某个像素点在一段时间内，其像素值分布较为集中，可用单个高斯分布来表示，多模态背景指背景的某个像素点在一段时间内，其像素值分布在不同的颜色区间内，单个高斯分布难以表示，需用多个高斯分布表示，实际生活中，多模态背景随处可见，如摆动的树枝、湖面的微波、飘动的红旗等。

与高斯背景模型相同，同样假设图像中某位置处的像素值分别为

$$\{I_{1,x}, I_{2,x}, I_{3,x}, \cdots, I_{t,x}\}$$

为简化表示，I 为单通道像素值，由 N 个高斯分布组成的混合模型为

$$P(I_{t,x}) = \sum_{n=1}^{K} \omega_{t-1,x,n} N(I_{t,x}|\mu_{t-1,x,n}, \sigma^2_{t-1,x,n}) \tag{7-16}$$

式中，$N(I|\mu,\sigma^2)$ 是高斯分布密度函数；$\mu_{t-1,x,n}$ 和 $\sigma^2_{t-1,x,n}$ 是第 n 个高斯分布的参数；$\omega_{t-1,x,n}$ 是第 n 个高斯分布的权重；K 的大小可根据计算机处理能力决定，通常情况下 K 的取值为 3~5。

高斯混合背景模型能够在一定程度上适应背景变化，但需要在背景稳定性与前景检测的灵敏性两者之间权衡。当背景可以融入较快变化的背景物体时，快速运动的前景目标也会被检测为背景；当对前景运动目标检测灵敏度较高时，动态的背景物体也会被误检测为前景，这一问题也被称为 R-S 问题。

4. 双学习率高斯混合背景模型

Lin、Chuang 与 Liu 三位学者[16]提出了针对 R-S 问题的双学习率高斯混合背景模型，不同于高斯混合背景模型的单学习率，该方法采用两种不同的学习率，根据当前像素的类型（如静止前景、运动前景、背景）计算学习率，增强了背景适应性。与此同时，该方法还提出了一种启发式光照变化适应算法，用于解决背景光照条件过快变化的问题，在保证前景检测敏感度的同时，增加了背景模型的稳定性。因此，该方法能更好地解决 R-S 问题。

在高斯混合背景模型中，出现频率较高的高斯分布获得较大的权重。然而，高斯分布的权重不应只取决于该高斯分布的出现频率。例如，煤壁与静止的煤块所匹配的高斯分布具有相似的出现频率，而我们却希望煤壁获得较大的权重。因此，通过分析像素的类型，改进权重的更新过程，可以使背景建模更加准确，像素类型划分越细致，权重的更新方式也将越恰当，这有助于解决 R-S 问题。

双学习率高斯混合背景模型的方法流程如图 7-17 所示，具体解释如下文所述。

（1）背景模型维护　双学习率高斯混合背景模型与高斯混合背景模型所述方式相似，这里不再赘述。

（2）前景初步检测　$\eta_{t,x}$ 的值是通过 t 时刻像素点的类型计算而得，首先需初步区分前景与背景，如式（7-17）所示

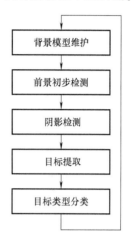

$$F_{t,x,n} = \begin{cases} 0, & \text{当 } \omega_{t,x,n} \geq T_w \text{ 时} \\ 1, & \text{其他} \end{cases} \quad (7\text{-}17)$$

$T_w \in \mathbf{R}$ 是一个预先设定的阈值，一个二进制前景映射可以表示为 $F_t = \{F_{t,x,l(t,x)} \mid \forall x\}$。过快的光照变化容易被错误地检测为前景，为了解决这一问题，Lin 等人还提出了一种启发式光照变化适应算法[16]。该方法认为，虽然光照在一小段时间内变化很大，但是，如果采样频率足够高，在连续的两帧图像中这种变化将很小，通过分析两帧图像的像素值差，光照变化的干扰也可被有效识别与去除，如式（7-18）所示

图 7-17　双学习率高斯混合背景模型的方法流程

$$D_{t,x} = \begin{cases} 0, & \text{当 } |I_{t,x} - I_{t-1,x}| \leq T_d \text{ 时} \\ 1, & \text{其他} \end{cases} \quad (7\text{-}18)$$

当 $I_{t,x}$ 与 $I_{t-1,x}$ 之差小于给定阈值 T_d 时，则该像素点处可认为只有光照变化，$D_{t,x}$ 被置为 0。因此，可得到一个帧差映射 $D_t = \{D_{t,x} \mid \forall x\}$，前景映射 F_t 可被替换为

$$F_t' = (F_t \cap F_{t-1}') \cup (F_t \cap D_t) \quad (7\text{-}19)$$

此时检测出的前景可能包括阴影、静止前景与运动前景，需要进一步分类。

（3）阴影检测　阴影检测方法是基于 Horprasert 等人[17] 提出的一种基于颜色空间的阴影识别方法，该方法将亮度成分从颜色成分中分离出来，通过计算亮度变化与颜色变化，判断像素是否为阴影。假设在 t 时刻背景图像为 $B_t = \{\mu_{t,x,b(t,x)} \mid \forall x\}$，且 $b(t,x) = \mathrm{argmax}_{n=1,2,\cdots,N}\,\omega_{t,x,n}$，当前图像为 $I_{t,x}$，则亮度变化可由式（7-20）计算

$$\phi(\alpha_x) = \mathrm{argmin}_{\alpha_x}(\mathbf{I}_{t,x} - \alpha_x \mathbf{B}_{t,x})^2 \quad (7\text{-}20)$$

其中，$\mathbf{I}$ 和 $\mathbf{B}$ 可表示颜色向量；α_x 是标量，表示亮度强度比。若 $\alpha_x = 1$，则当

前图像像素点的亮度与背景图像相同；若 $\alpha_x < 1$，则当前图像像素点的亮度比背景图像暗；若 $\alpha_x > 1$，则当前图像像素点的亮度比背景图像亮。

亮度变化可由式（7-21）表示

$$CD_{t,x} = \| \boldsymbol{I}_{t,x} - \alpha_x \boldsymbol{B}_{t,x} \| \tag{7-21}$$

KaewTraKulPong 与 Bowden 在此基础上提出了阴影判断条件[18]

$$S_{t,x} = \begin{cases} 1, & \text{当 } \phi(\alpha_x) < 2.5\sigma_{t,x,b(t,x)} \text{ 且 } \tau < CD_{t,x} < 1 \text{ 时} \\ 0, & \text{其他} \end{cases} \tag{7-22}$$

其中，$\tau \in \boldsymbol{R}$ 为预先设定的阈值，则二进制阴影映射可表示为 $\boldsymbol{S}_t = \{ S_{t,x} \mid \forall \boldsymbol{x} \}$。

（4）目标提取　$\boldsymbol{F}_t$ 与 $\boldsymbol{S}_t$ 可能包括噪声和干扰，使用形态学处理方法可以去除这些噪声和干扰。首先使用 5×5 的方形结构元分别对 $\boldsymbol{F}_t$ 与 $\boldsymbol{S}_t$ 进行一次腐蚀，去除较小的前景干扰，随后分别进行一次膨胀操作，恢复剩余前景的形状。

（5）目标类型分类　通过上述步骤，背景、前景与阴影可以被有效分类，为进一步将前景分类为静止前景与运动前景，可采用文献[19]中的方法。因此，$I_{t,x}$ 的类型可由式（7-23）表示

$$O_{t,x} = \begin{cases} 0, & \text{当 } F_{t,x,l(t,x)} = 0 \text{ 时（背景）} \\ 1, & \text{当 } F_{t,x,l(t,x)} = 1 \text{ 且 } S_{t,x} = 1 \text{ 时（阴影）} \\ 2, & \text{当 } F_{t,x,l(t,x)} = 0 \text{ 且 } I_{t,x} \text{ 的类型为静止前景} \\ 3, & \text{其他，（运动前景）} \end{cases} \tag{7-23}$$

一个目标映射可以表示为 $\boldsymbol{O}_t = \{ O_{t,x} \mid \forall \boldsymbol{x} \}$，该映射反馈给第一步（背景模型维护），用于计算 $t+1$ 时刻的 $\eta_{t,x}(\beta)$。这是一个滞后反馈，因为当前模型的 $\eta_{t,x}(\beta)$ 是根据前一次像素点的分类结果计算而得出。

7.2.2　基于背景差分法的煤壁片帮特征分析体系构建

1. 煤壁片帮特征分析体系框架

煤壁片帮特征分析是从煤壁片帮发生到结束的过程中，提取出煤壁片帮特征并用数据表述的过程，该过程需要构建一个合理的分析体系加以描述。煤壁片帮特征分析是煤壁片帮危害程度评估的基础，本节通过实际调研综采工作面生产现场，确定煤壁片帮特征分析体系的主要内容，包括煤壁片帮特征指标和煤壁片帮特征分析方法。煤壁片帮特征分析体系的框架如图 7-18 所示。首先抽象出能反应煤壁片帮特点且易于采集的特征指标，然后提出基于双学习率高斯混合背景模型的煤壁片帮特征分析方法，以煤壁片帮视频帧序列作为输入，经过煤壁片帮区域提取、煤壁片帮特征提取，输出煤壁片帮时间、煤壁片帮面积、煤壁片帮区域高度和煤壁片帮中心高度四个煤壁片帮特征指标。

2. 煤壁片帮特征指标的确定

煤壁片帮的发生主要表现为煤壁自中上部向下的煤壁剪切滑动破坏，该过程产

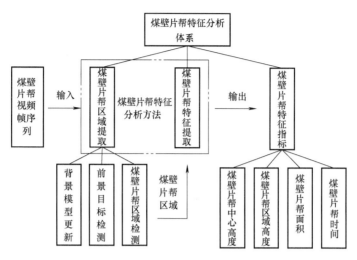

图 7-18 煤壁片帮特征分析体系的框架

生较大煤块向底板砸落，并在煤壁上形成明显的凹陷区域，为描述煤壁片帮的特征，需准确可靠地分析煤壁片帮的特征，客观地选取煤壁片帮特征指标，反应出煤壁片帮的规模与危害程度。综采工作面实际生产环境恶劣，监控画面质量不高，应避免难以从监控画面中提取的特征指标（如煤壁片帮区域深度信息），选取的煤壁片帮特征指标需能够客观地描述煤壁片帮规模及其对综采工作面设备产生的危害。煤壁片帮特征指标选取不当，将导致煤壁片帮危害程度的评估结果不准确。

课题组基于综采工作面的监控图像提出了煤壁片帮特征分析方法，因此，选取易于被图像分析算法提取的特征是综采工作面煤壁片帮特征分析的基础。从综采工作面的实际工况出发，结合专家与现场操作工人的观点，选取了四个主要的煤壁片帮特征分析指标：

（1）煤壁片帮时间 煤壁片帮时间指煤壁片帮从开始发生到结束持续的时间，在煤壁片帮总量相同的情况下，煤壁片帮时间越长，则单位时间内的平均煤壁片帮量越小，对综采工作面设备的冲击也就越小；煤壁片帮时间越短，则单位时间内的平均煤壁片帮量越大，对综采设备的危害程度越大。

（2）煤壁片帮面积 煤壁片帮面积可以理解为煤壁片帮从开始发生到结束的阶段内，煤块从煤壁崩落后在煤壁形成的较为明显的凹陷的面积，煤壁片帮面积能够较为直观地反映片帮程度，在一般情况下，煤壁片帮面积越大，表明煤壁片帮量越大，煤壁片帮的危害程度也越大；煤壁片帮面积越小，表明煤壁片帮量越小，煤壁片帮的危害程度也相应较小。通过分析煤壁片帮面积的大小，可以间接反应煤壁片帮量，因此可以一定程度上反应煤壁片帮对综采工作面生产过程产生的危害程度。

（3）煤壁片帮区域高度 煤壁片帮区域高度是煤壁片帮后形成的凹陷区域在

垂直于底板方向的最大高度。煤壁片帮发生后，煤块会掉落在刮板输送机上，当煤壁片帮量较小时，掉落的煤块可由刮板输送机运输至皮带机，但是，当煤壁片帮区域的高度较高时，掉落的煤块体积尺寸较大，直接拍落在刮板输送机的煤块将有可能造成刮板输送机卡链，且崩落的煤块易进入液压支架下方的支护区域，威胁工作人员的安全，导致综采工作面的生产事故。因此，煤壁片帮区域高度可间接反映出煤壁片帮的危害程度。

（4）煤壁片帮中心高度　煤壁片帮中心高度是煤壁片帮区域的中心距离综采工作面底板的高度。煤壁片帮中心高度可以间接反应崩落煤块的冲击力，当煤壁片帮中心高度较高时，崩落的煤块具有较大的动能，对综采设备，尤其是刮板输送机的冲击较大；当煤壁片帮中心高度较低时，冲击较小。

3. 煤壁片帮特征分析方法

利用双学习率高斯混合背景模型的背景差分法，对煤壁片帮特征进行分析，其流程如图 7-19 所示。前景检测可以检测出煤壁片帮的掉落，较小的干扰物体已被目标提取方法去除，干扰去除后若仍然能检测出前景目标，则判定煤壁片帮开始，记录煤壁片帮发生时间，直到检测不出运动前景目标，则煤壁片帮结束，记录煤壁片帮结束时间。煤壁片帮结束后，分析煤壁片帮开始与煤壁片帮结束之间的持续时

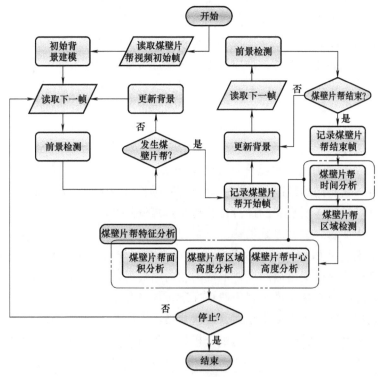

图 7-19　煤壁片帮特征分析流程

间，得出煤壁片帮时间，然后，通过提取出煤壁片帮结束帧中的煤壁片帮区域，进一步分析煤壁片帮面积、煤壁片帮区域高度与煤壁片帮中心高度三个煤壁片帮特征指标。

（1）煤壁片帮时间分析方法　根据图 7-19 所示流程，可以得到煤壁片帮开始帧 I_t 与煤壁片帮结束帧 I_{t+n}，n 为两帧之间的间隔，则煤壁片帮时间可由式（7-24）得出

$$T = \frac{n}{Frate} \tag{7-24}$$

式中，T 是煤壁片帮时间，单位为 s；$Frate$ 是帧率，单位为 Hz，表示视频每秒显示帧数。

（2）煤壁片帮面积分析方法　煤壁片帮发生后形成的凹陷区域在表面形状、颜色等特征上与周围煤壁差别不大，很难将其检测为前景目标，而在实际工况下，凹陷处对光源的反射较差，亮度较暗。因此，可用 7.2.1 节所述的阴影检测方法，通过分析亮度变化与颜色变化，可检测出煤壁片帮凹陷区域作为煤壁片帮区域，这样，掉落的煤块可被检测为前景，煤壁片帮后的凹陷区域可被阴影检测算法检测出来。假设从煤壁片帮结束帧 I_{t+n} 中检测出的煤壁片帮区域用 P 表示（表示为二值图像），P 中像素值不为 0 的像素点个数为 N_1，I_{t+n} 中总像素点的个数为 N_2，I_{t+n} 表示的实际煤壁的面积估计值为 S_T，则煤壁片帮面积 S 可由式（7-25）获得

$$S = \frac{N_1}{N_2} S_T \tag{7-25}$$

（3）煤壁片帮区域高度分析方法　由前文所得的煤壁片帮区域 P，可通过逐列遍历 P，找出包含非零像素点数量最多的列，并统计该列中非零像素点的数目，记为 N_3，假设 I_{t+n} 中行数为 R，I_{t+n} 表示的实际煤壁的高度估计值为 H_T，则煤壁片帮区域高度 H 可表示为

$$H = \frac{N_3}{R} H_T \tag{7-26}$$

（4）煤壁片帮中心高度分析方法　通过图像的一阶矩阵除以零阶矩阵可求 P 的重心，得到煤壁片帮区域的中心 $C = (C_x, C_y)$，此处原点为图像的左上角的第一点，则煤壁片帮中心高度 H_C 为

$$H_C = \frac{R - C_y}{R} H_T \tag{7-27}$$

7.2.3　仿真分析

为了验证煤壁片帮特征分析方法的性能，本节进行了仿真试验，建立多组虚拟三维煤壁片帮动画作为模拟研究对象，对其进行分析处理。虚拟煤壁片帮场景与动画是通过 3D Studio Max（简称 3ds Max）软件完成，该软件是一款著名的三维动画

制作渲染工具，并且已经在工程设计制造领域有了广泛应用。

完成后的模拟煤壁片帮动画效果截图如图 7-20 所示。场景中随着煤壁片帮过程中煤块的掉落，光照反射也产生变化，符合实际情况，场景视觉效果较真实，可反应实际煤壁片帮场景。仿真动画的帧速率为 30 帧/s，帧宽度为 720 像素，帧高度为 480 像素，模拟煤壁参数为：长 3m，高 2m，面积为 6m^2，包含的像素点为 586×312 个，在上述参数相同的情况下，创建 10 组不同特征的煤壁片帮仿真动画，用于定量检验本节煤壁片帮特征分析方法的性能（见表 7-2）。算法的参数设置如双学习率高斯混合背景模型。

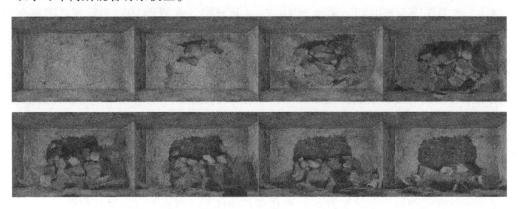

图 7-20　模拟煤壁片帮动画效果截图

（注：彩图见书后插页）

表 7-2　10 组仿真煤壁片帮的特征

序号	煤壁片帮时间/s	煤壁片帮面积/m^2	煤壁片帮区域高度/m	煤壁片帮中心高度/m
1	3.500	1.671	1.067	1.673
2	3.667	1.853	1.078	1.592
3	3.833	1.732	1.110	1.691
4	4.333	1.558	1.087	1.621
5	4.667	1.915	1.059	1.598
6	4.833	1.649	1.101	1.601
7	5.167	1.873	1.093	1.671
8	5.667	1.657	1.086	1.664
9	5.833	1.702	1.063	1.607
10	6.167	1.815	1.102	1.673

以第 1 组仿真动画为例，仿真煤壁片帮图像需首先进行灰度化，煤壁片帮发生过程中前景与煤壁片帮区域检测结果如图 7-21 所示。图中白色部分代表检测出的前景区域，灰色部分为检测出的煤壁片帮区域，从图中可以看出，在煤壁片帮发生的初期，煤壁片帮区域的检测结果受崩落煤块的影响，并不准确，随着煤壁片帮过

程的进行，煤壁片帮区域逐渐稳定，煤壁片帮区域的检测结果也逐渐变好，从第110帧检测结果可以看出，煤壁片帮区域检测结果与仿真场景中煤壁片帮区域的形状大体吻合。

a) 第10帧   b) 第20帧

c) 第30帧   d) 第60帧

e) 第80帧   f) 第90帧

g) 第100帧   h) 第110帧

图 7-21　第 1 组仿真动画中前景与煤壁片帮区域检测结果

利用煤壁片帮特征分析方法分别对 10 组煤壁片帮仿真动画的特征进行分析，得到煤壁片帮特征的估计值。为了直观反应分析结果，本节将煤壁片帮特征分析所得的估计值与实际值进行对比，对比结果如图 7-22 所示。可以看出，利用本节方法估计的 10 组煤壁片帮时间平均误差为 0.203s，误差率为 4.26%；煤壁片帮面积平均误差为 0.100m²，误差率为 5.43%；煤壁片帮区域高度平均误差为 0.058m，误差率为 5.35%；煤壁片帮中心高度平均误差为 0.092m，误差率为 5.61%。煤壁片帮特征分析所得的估计值与实际值的曲线形状十分相似，两者间误差较小，且误差波动小，通过分析估计值的变化能反映出实际值的变化。因此，本节设计的煤壁片帮特征分析方法所得的煤壁片帮特征值可为下一步煤壁片帮危害程度评估提供依据。

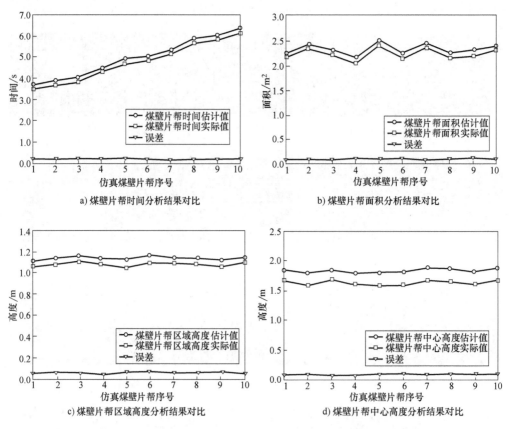

图 7-22 煤壁片帮特征分析所得的估计值与实际值的对比结果

7.3 基于支持向量机的煤壁片帮危害程度评估方法

煤壁片帮识别的最终目的是实现煤壁片帮危害程度的评估，为调整综采工作面的设备状态提供重要依据，避免因煤壁片帮而导致的危害。煤壁片帮危害程度评估是一个模式识别问题，通过现场调研，本节将煤壁片帮的危害程度分为安全、轻微、中等和严重四个等级，提出基于支持向量机的煤壁危害程度评估方法，并与BP神经网络、人工免疫算法进行仿真对比。

7.3.1 煤壁片帮危害程度评估问题

煤壁片帮会导致液压支架架前无支护区域增大，无支护区域工作面的顶板由于缺少支撑，引起顶板的冒落，又进一步扩大了煤壁片帮规模、增加了顶板的不稳定性，严重的煤壁片帮将对综采工作面的设备产生下述不利影响：

1）受不均匀的顶板压力，液压支架容易产生歪倒现象，液压支架部件也易受损，导致掉落的煤块易砸向支架支护区域，不仅威胁工作面工人的生命安全，还不利于液压支架的推溜与移架。

2）大量大块的煤块从高处砸落，产生较大的冲击力，易使刮板输送机发生变形，导致刮板输送机的卡链与断链，影响采煤效率，且容易引发生产安全事故。

3）导致采煤机受损及寿命大大降低，降低工作面的生产效率。

煤壁片帮危害程度评估是指及时检测出煤壁片帮并评估煤壁片帮危害程度的过程，为调节工作面设备的工作状态提供依据，防止煤壁片帮危害进一步扩大，避免不必要的生产事故，提升综采工作面的生产效率，改善综采工作面的工作环境。

煤壁片帮的危害程度主要取决于煤壁片帮发生时产生的煤壁片帮量大小，由于综采工作面特殊条件的限制，煤壁片帮量很难精确地获取，只能以上一节煤壁片帮特征分析所得的煤壁片帮特征为基础，间接评估煤壁片帮的危害程度。因此，煤壁片帮危害程度评估是对煤壁片帮所导致的危害分级，这可被当作模式识别的问题。通过现场调研，将煤壁片帮危害程度分为安全、轻微、中等和严重四个等级，通过先验的样本数据，训练多类分类机，根据煤壁片帮特征数据完成煤壁片帮危害程度评估过程。

在实际生产过程中，煤壁片帮的特征数据一般较难获得，这一特点导致了样本集不可能很大，而支持向量机较其他机器学习方法最突出的优点就是小样本，即便是少量的训练样本条件下，支持向量机也能表现出较好的分类结果。因此，对于煤壁片帮危害程度评估问题，它是一个较好的方法。

7.3.2　基于支持向量机的煤壁片帮危害程度评估模型

煤壁片帮危害程度评估模型结构如图 7-23 所示。煤壁片帮危害程度分类机由六个两类分类机组成，并通过样本数据进行训练，训练好的煤壁片帮危害程度分类机可根据给定的输入煤壁片帮特征向量，预测出对应的煤壁片帮危害程度。

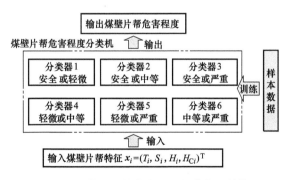

图 7-23　煤壁片帮危害程度评估模型结构

根据四个煤壁片帮特征指标：煤壁片帮时间 T、煤壁片帮面积 S、煤壁片帮区域高度 H 和煤壁片帮中心高度 H_C，可以确定四维输入向量 $x_i = (T_i, S_i, H_i, H_{\mathrm{C}i})^\mathrm{T}$，煤壁片帮危害程度可根据实际情况与专家经验，划分为多个等级。为避免分类器的数量过多，本节将煤壁片帮危害程度划分为四个等级：安全、轻微、中等和严重，分别用数字 1~4 表示，则输出指标可表示为 $y_i \in \{1,2,3,4\}$，$i=1$，$\cdots$，l。此时，煤壁片帮危害程度评估问题为：对给定的新的煤壁片帮特征输入向量 x_i，判断其所对应的煤壁片帮危害程度，即预测对应输出指标。

在支持向量机中，核函数的作用是将非线性的输入空间映射到高维线性特征空间，煤壁片帮特征指标的特征差异较小，选用高斯径向积核函数可以获得较好的分类效果，且所需确定的参数较少。针对煤壁片帮危害程度评估的多类分类问题，使用"一对一"多类分类方法，该分类方法是较常用的方法，煤壁片帮危害程度为四类，则总共应建立 $(4-1) \times 4 \div 2 = 6$ 个两类分类器。

7.4 试验验证

为了验证混合图像增强算法、煤壁片帮特征分析方法和煤壁片帮危害程度评估方法的效果，本节搭建了煤壁片帮识别模拟试验平台，并设计煤壁片帮识别软件，模拟不同煤壁片帮的发生过程，在不同的光照、雾化、灰尘环境下，在使用图像增强算法和不使用图像增强算法的条件下，分别进行模拟试验。

7.4.1 煤壁片帮识别模拟试验平台设计

试验平台用于验证基于机器视觉的煤壁片帮识别技术的实际效果，通过网络摄像头采集视频与图像信息，在上位机软件中进行图像增强和煤壁片帮特征分析，完成对煤壁片帮危害程度的评估。试验平台以评估煤壁片帮危害程度为最终目标，以预先设定的不同程度的煤壁片帮样本为参照，给出评估结果。

课题组搭建的试验平台主要包括三个部分：模拟煤壁、辅助装置和煤壁片帮识别系统。辅助装置包括位置调节支架、LED 光源和开关电源。煤壁片帮识别系统包括摄像头、上位机及煤壁片帮识别软件。试验平台总体结构如图 7-24 所示。LED 灯带模拟不同亮度条件，摄像头固定于支架上。采集煤壁图像，并通过以太网将图像数据传输至上位机，上位机中的煤壁片帮识别软件对获取图像进行分析处理并显示最终结果。

由于煤矿井下现场进行试验存在危险，且材料成本和时间成本较高，为了节约试验成本，加快试验速度，有必要首先在地面上进行模拟试验。搭建模拟煤壁的目的在于尽可能模拟综采工作面的实际情况，通过人工手段模拟不同的煤壁状况、光照变化和煤壁片帮发生过程，并在此基础上开发煤壁片帮识

图 7-24 试验平台总体结构

别软件，进一步验证前文所提算法的实际效果。

模拟煤壁由黄泥、煤粉、颜料和少量水泥混合而成，煤壁长 3m，高 2m，宽 1m。模拟煤壁依墙而建，其表面如图 7-25 所示，在灰度图像模式下表面特征与实际煤壁近似。

煤壁片帮识别系统硬件部分主要包括摄像头和上位机。摄像头选用海康威视 DS-2CD3T45D-I3 型网络监控摄像头，该摄像头最大支持图像大小为 2560×1440，每秒传输 30 帧，支持 TCP/IP、ICMP、HT-TP 等多种网络通信协议，通信接口为 RJ45 10M/100M 自适应以太网口，使用 DC12V 开关电源供电，

图 7-25　模拟煤壁表面

提供 SDK（软件开发工具包）支持二次开发。上位机使用戴尔灵越 14R N4110 笔记本式计算机，配置如下：CPU 为酷睿 i3 2330M，内存为 4GB DDR3，显卡为 AMD Radeon HD 6630M 显卡。通过支架可上下、左右四个方向调节摄像头的位置，便于现场的安装与调试。

7.4.2　煤壁片帮识别软件设计

1. 开发环境搭建

Microsoft Visual Studio（简称 VS）是一个功能多样的软件开发环境，囊括了整个软件工程设计过程中所需的大部分功能，其中最重要的便是集成开发环境（IDE）。VS 的 IDE 提供了包括代码编辑器、编译器、调试器和图形界面等工具，集成了代码编写、分析、调试、编译、执行等一系列功能，节省了开发人员的时间与精力，加速了代码编写和调试过程。VS 创建的项目适用于 Microsoft 支持的任何平台，VS 产品包含 C/C++、C#和 VB. Net 等语言，对于在 Windows 平台上的开发是最合适的开发工具。本节的煤壁片帮识别软件是基于 Windows7 系统开发，因此选用 Microsoft Visual Studio 2012（VS2012）作为开发工具，在 VS2012 中可以方便地配置 OpenCV、摄像头 SDK 和 LIBSVM，配置过程如下：

（1）OpenCV 的配置　OpenCV 是一个开源的多平台机器视觉库，可以在 Windows、Linux、Android 等主流操作系统上运行。OpenCV1 由 C 语言开发完成，OpenCV2 由 C++开发完成，实现了 Image Processing（图像处理）、Computer Vision（计算机视觉）领域的大部分基础算法，本章涉及的算法都是基于 OpenCV2. 4. 11 开发的，需在 VS2012 中对其进行配置。

OpenCV 中的 build 文件目录下包含了编译、调试、发布所需要的各类动态库，静态库和头文件等。build 文件夹下主要包括 doc、include、java、python、x64、x86

几个文件夹。doc 文件夹内包含了相关开发文档；include 文件夹包含使用 OpenCV 必需的头文件；java 与 python 内包含对应的库文件；C++开发所用到的库在 x64 与 x86 文件夹内，x64 为 64 位编译版本，x86 为 32 位编译版本。本节选择使用 Win32 环境编译，因此只需配置 x86 文件夹下的库文件。x86 文件夹下有 vc11 与 vc12 两个文件夹，vc11 对应 VS2012，vc12 对应 VS2013，本节是基于 VS2012 开发，因此选择 vc11。打开 vc11 文件夹就可以看到 bin 和 lib 两个文件夹，bin 文件夹内存放运行动态链接库所需要的 dll 文件，lib 文件夹内存放链接到 dll 文件的 lib 文件。

（2）摄像头 SDK 配置　　本节需要基于海康威视摄像头进行二次开发，所以需要对摄像头 SDK 提供的二次开发库进行配置。该 SDK 可以从海康威视官方网站免费获取，它是基于设备私有网络通信协议开发的，可根据实际应用情况进行二次开发。其功能有实时预览与取流、播放另存监控录像、音频通话、自动更新、清除数据、设置参数等。该 SDK 提供 Windows 和 Linux 两个版本，本节只使用 Windows 版本。该 SDK 文件夹包含有 Demo 示例、开发文档、库文件、头文件，库文件中包含有二次开发所用到的所有 dll 文件与 lib 文件。SDK 配置过程与（1）中 OpenCV 的配置类似，只需要配置正确的路径即可，此处不再赘述。

（3）LIBSVM 配置　　LIBSVM 是台湾大学林智仁教授领导的开发团队设计的方便、友好、高效的支持向量机开发工具。其主要特点包括：支持多种多类分类方法，支持 LOO 验证方法，实现多种核函数，对于不平衡的样本提供权重处理，提供 C++与 Java 程序源文件，提供支持 Python、R、MATLAB、Perl、Ruby、Weka、Common LISP、CLISP、Haskell、OCaml、LabVIEW、PHP 的用户接口，还提供自动模型选择功能。本节使用 LIBSVM 3.22 版本，只需要将该版本文件夹下的 svm.cpp、svm.def、svm.h、svm-predict.c、svm-scale.c、svm-train.c 复制到 VS 项目文件夹下，并将这几个文件分别正确添加到 VS 中的"解决方案资源管理器"中的源文件和头文件处即可。

以上过程即完成了开发所需环境的全部配置。

2. 软件实现

煤壁片帮识别软件的总体架构如图 7-26 所示。控制命令由煤壁片帮识别系统主控界面发起，主要功能包括：摄像头控制、煤壁片帮识别控制、参数设定、查看历史数据、原始图像显示、增强图像显示、煤壁片帮区域检测结果、当前检测数据。摄像头控制部分主要用于控制摄像头开始/停止提取视频流、注册用户及注销用户；煤壁片帮识别控制部分用于控制算法的执行，包括开始执行算法、暂定/继续执行算法和结束执行算法三个功能；参数设定部分用于设定执行算法所需要的参数，包括图像增强算法的参数、煤壁片帮特征分析方法的参数和煤壁片帮危害程度评估方法的参数；查看历史数据部分用于查看煤壁片帮特征的数据与煤壁片帮危害程度评估的记录，以便于后期对试验结果进行分析处理；原始图像显示窗口用于显示从摄像头提取的视频流，便于和处理后的图像进行对照分析；增强图像显示用于显示经图像增强后的图像；煤壁片帮区域检测结果用于显示本节算法检测出的前景区域与煤壁片帮区域；当前检测数据用于显示当前煤壁片帮的特征数据、当前煤壁片帮的危害程度及算法耗时，若无煤壁片帮，则特征数据显示为 0，煤壁片帮危害等级显示为 0。

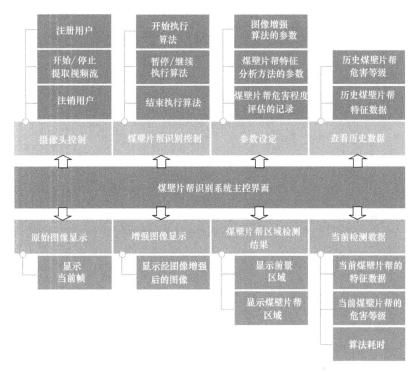

图 7-26　煤壁片帮识别软件的总体架构

MFC 是微软提供的一个基础类库，封装了大量 Windows API，并提供了应用程序开发框架，用于帮助程序员快速开发 Windows 应用程序。煤壁片帮识别软件是基于 MFC 开发的，其关键部分的实现过程简述如下：

（1）煤壁片帮识别系统主控界面的实现　煤壁片帮识别系统的主控界面如图 7-27 所示。它是基于 MFC 中的对话框类 CDialogEx 实现的，主控界面类 CMainDlg 是该类的一个公有派生类。界面主要分为四个区域。左上部分区域是一些控制按钮和数据显示框。按钮是通过添加 Button 控件完成的，为相应的按钮添加事件处理程序，此处所有的按钮的消息类型均为 BN_CLICKED，单击相应的按钮就会跳入相应的事件处理程序，这些处理程序都是 CMainDlg 的公有成员函数；当前检测数据的显示是通过添加 Edit Control 控件完成的，默认显示为 0，每一个 Edit Control 控件都分配了相应的变量，这些变量也是 CMainDlg 类的公有成员。其余三个部分都用来显示图像信息，通过添加 Picture Control 控件实现，控件类型选择为 Rectangle，通过 CvvImage 类可以显示 OpenCV 中 IplImage 类型的图像。

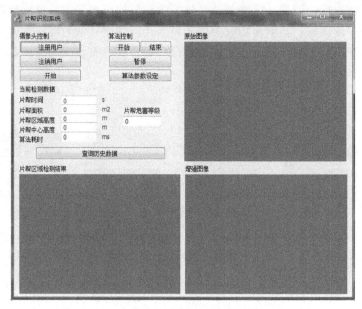

图 7-27　煤壁片帮识别系统的主控界面

（2）参数设定界面的实现
其算法的参数较多，因此需单独建立一个算法参数设定的对话框，如图 7-28 所示。该对话框可以设置算法所用到的参数，由主控界面中的算法参数设定按钮触发，定义为 CParamSet 类，即 class CParamSet：public CDialogEx｛｝。对话框的类型为非模态对话框，对话框中的参数输入框也使用 Edit Control 控件，并添加对应变量，默认值设定为与前文所用的参数相同，"是否使用图像增强算法"使用 Check Box 控件。由于图像增强算法会增加算法执行时间，因此此处可以勾选"是否使用图像增强算法"。单击"确定"按钮，

图 7-28　算法参数设定的对话框

将参数设定窗口的变量值传递到 CMainDlg 类中并退出参数设定窗口，单击"取消"按钮则直接退出参数设定窗口。

（3）煤壁片帮识别算法的实现　算法控制按钮包括"开始"、"暂停"和"结束"三个按钮。"开始"按钮置位相应的标志位，DecCBFun 进入算法处理程序；

"结束"按钮复位标志位，DecCBFun 不执行算法处理程序；"暂停"按钮按下之后变为"继续"，置位相应的标志位，并循环调用 Delay 函数实现暂停功能，按下"继续"按钮后跳出循环。

图像增强算法是基于 OpenCV 中的 GaussianBlur（）和 bilateralFilter（）实现的。为了提升算法的速度，在求反射图像时并未对其求指数，而是使用文献［20］的方法进行量化。煤壁片帮特征分析算法步骤较多，定义一个 FeatureAnalysis 类对其进行封装，算法主要部分封装为该类的成员函数。煤壁片帮危害程度评估算法的实现是基于 LIBSVM 实现的。首先将煤壁片帮特征和危害程度样本数据放入 txt（文本格式）文件中，通过 svm_parameter 设定支持向量机参数，使用 svm_train（）训练出模型，用 svm_model 结构体表示，使用 svm_predict（）进行煤壁片帮危害程度评估。

（4）图像显示及数据记录功能的实现　主控界面中的三个图像显示窗口都是用来显示图像的。由于 Picture Control 控件并不能直接显示 OpenCV 中的 Mat 类型，因此需要借助 CvvImage 类，而 OpenCV2.2 版本不再包含 CvvImage 类，本节通过在项目中添加 CvvImage 的源代码解决这个问题。通过将 Mat 类型转为 IplImage 类型，再通过 CvvImage 的 Copyof（）构造 CvvImage 对象，接着使用 DrawToHDC（），便可在 Picture Control 控件中显示 OpenCV 中 Mat 类型的图像。

数据记录功能使用 C++中的文件读写库，将每次算法的执行结果写入 xls（电子表格格式）文件中，通过"查看历史数据"按钮打开该文件查看历史数据。此处需要先导入 Excel 的 OLE/COM 组件接口，具体步骤可参考文献［20］。

7.4.3　试验方案与结果分析

综采工作面的监控图像多为单通道的灰度图像，因此试验也是基于灰度图像完成的。图像尺寸的大小为 704×576。模拟煤壁片帮的触发方法与试验方法如下所述：

1. 模拟煤壁片帮的触发方法

模拟煤壁片帮的触发是通过如图 7-29a 所示的工业 PE（聚乙烯）塑料网触发的。首先，在煤壁上按照所设定的煤壁片帮区域高度、煤壁片帮面积等煤壁片帮特征构造出所需要的煤壁片帮区域；然后，在凹陷区域内布置一层形状大小合适的 PE 塑料网，如图 7-29b 所示，并在塑料网的边缘部位连接上触发煤壁片帮的触发绳；最后，重新填充好凹陷区域。开始试验时，只需牵动触发绳，通过塑料网带动模拟煤壁变形，从而模拟出煤壁片帮动作，达到试验目的。

试验中需要对不同特征的煤壁片帮发生过程进行模拟。煤壁片帮时间是通过控制牵动塑料网的速度改变的；煤壁片帮面积、煤壁片帮区域高度与煤壁片帮中心高度是根据设定的测试样本，并预先测量好大致尺寸，按照设定的尺寸进行构造和模拟出来的。

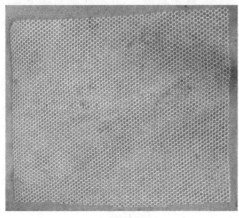

a) 工业PE塑料网　　　　　　　　　　　　b) PE塑料网埋于煤壁内部

图 7-29　模拟煤壁片帮触发方法示意图

2. 试验方法

试验的目的是验证在不同的光照、雾化、灰尘环境下，在使用图像增强算法和不使用图像增强算法的条件下，验证煤壁片帮危害程度评估的效果。亮度调节是通过 LED 灯带的调节旋钮实现的，可模拟在五档不同的光照条件下的煤壁，如图 7-30 所示。

图 7-30　不同光照条件下的煤壁

雾化和灰尘是通过在实际现场添加烟雾、灰尘进行模拟的，模拟效果如图 7-31 所示。

试验样本共 300 组，包括不同光照条件下的样本 150 组和添加模拟雾化、灰尘效果的样本 150 组。从这些样本中随机选取 30 组不同光照条件下的测试样本和 30

a) 添加前

b) 添加后

图 7-31　添加烟雾、灰尘的模拟效果

组添加雾化、灰尘效果的测试样本，总计 60 组，用于验证煤壁片帮危害程度评估的实际效果。

3. 结果分析

试验主控界面如图 7-32 所示。"原始图像"显示的是直接由摄像头采集的现场图像的灰度图像；"增强图像"显示的是通过图像增强算法增强后的灰度图像，若不使用图像增强算法，则该框不显示图像；"片帮区域检测结果"中白色区域表示前景区域，灰色区域表示煤壁片帮区域，黑色区域表示背景；当前检测数据显示的是经过分析之后的煤壁片帮特征数据和煤壁片帮危害程度等级。

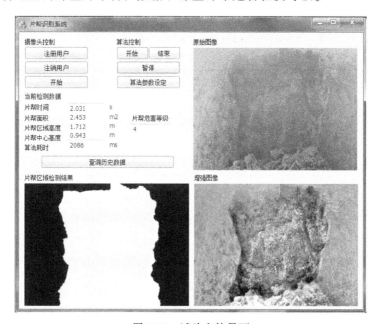

图 7-32　试验主控界面

不同光照条件下，通过统计煤壁片帮危害程度评估结果可知，在使用图像增强算法的情况下，30 组测试样本中有 6 组评估错误；而在不使用图像增强算法的情况下，30 组测试样本有 11 组评估错误，正确率为 63.3%。不同光照条件下算法耗时与特征误差的比较结果见表 7-3。在使用图像增强算法的情况下，算法平均耗时增加 1333ms/帧，煤壁片帮时间平均误差减小 0.097s，煤壁片帮面积平均误差减小 0.049m^2，煤壁片帮区域高度平均误差减小 0.046m，煤壁片帮中心高度平均误差减小 0.047m。

表 7-3　不同光照条件下算法耗时与特征误差的比较结果

评价指标	算法平均耗时/（ms/帧）	煤壁片帮时间平均误差/s	煤壁片帮面积平均误差/m^2	煤壁片帮区域高度平均误差/m	煤壁片帮中心高度平均误差/m
使用图像增强算法	2789	0.448	0.156	0.156	0.245
不使用图像增强算法	1456	0.545	0.205	0.202	0.292

在雾化、灰尘环境下，通过统计煤壁片帮危害程度评估结果可知，在使用图像增强算法的情况下，30 组测试样本中有 7 组评估错误，正确率为 76.7%；在不使用图像增强算法的情况下，30 组测试样本中有 10 组评估错误，正确率为 66.7%。在雾化、灰尘环境下算法耗时与特征误差的比较结果见表 7-4。在使用图像增强算法的情况下，算法平均耗时增加 1461ms/帧，煤壁片帮时间平均误差减小 0.044s，煤壁片帮面积平均误差减小 0.063m^2，煤壁片帮区域高度平均误差减小 0.045m，煤壁片帮中心高度平均误差减小 0.039m。

表 7-4　在雾化、灰尘环境下算法耗时与特征误差的比较结果

评价指标	算法平均耗时/（ms/帧）	煤壁片帮时间平均误差/s	煤壁片帮面积平均误差/m^2	煤壁片帮区域高度平均误差/m	煤壁片帮中心高度平均误差/m
使用图像增强算法	2856	0.381	0.168	0.244	0.259
不使用图像增强算法	1395	0.425	0.231	0.289	0.298

在不同光照、雾化、灰尘环境下，使用图像增强算法的 60 组测试样本的评估正确率为 78.3%，不使用图像增强算法的 60 组测试样本的评估正确率为 65.0%。综上所述，在不同光照、雾化、灰尘环境下，混合图像增强算法可改善煤壁片帮图像质量，降低煤壁片帮特征平均误差，提升煤壁片帮危害程度评估正确率 13.3%，算法耗时稍有增加。

参 考 文 献

[1]　LAND E H, MCCANN J J. Lightness and retinex theory [J]. Journal of the Optical Society of America, 1971, 61 (1): 1-11.

[2]　MOORE A，ALLMAN J，GOODMAN R M．A real-time neural system for color constancy［J］. IEEE Transactions on Neural Networks，2002，2（2）：237-247.

[3]　FUNT B，CARDEI V，BARNARD K．Learning color constancy：4th［C］．Color and Imaging Conference Final Program and Proceedings［C］．Society for Imaging Science and Technology，1996.

[4]　付国文．基于 Retinex 的图像增强算法研究及实现［D］．上海：上海交通大学，2011.

[5]　嵇晓强．图像快速去雾与清晰度恢复技术研究［D］．北京：中国科学院大学，2012.

[6]　JOBSON D J，RAHMAN Z，WOODELL G A．Properties and performance of a center/surround retinex［J］．IEEE Transactions on Image Processing，1997，6（3）：451-462.

[7]　刘家朋，赵宇明，胡福乔．基于单尺度 Retinex 算法的非线性图像增强算法［J］．上海交通大学学报，2007，41（5）：685-688.

[8]　罗颖昕．雾天低对比度图像增强方法的研究［D］．天津：天津大学，2003.

[9]　TOMASI C，MANDUCHI R．Bilateral filtering for gray and color images［C］//Sixth International-al Conference on Computer Vision．Bombay IEEE，1998.

[10]　PARIS S．Bilateral filtering：theory and applications［J］．Foundations & Trends in Computer Graphics & Vision，2009，4（1）：1-74.

[11]　ZHANG M，GUNTURK B K．Multiresolution bilateral filtering for image denoising［J］．IEEE Transactions on Image Processing，2008，17（12）：2324-2333.

[12]　纪则轩，陈强，孙权森，等．基于双边滤波的单尺度 Retinex 图像增强算法［J］．微电子学与计算机，2009，26（10）：99-102.

[13]　李亚东，王洪栋，朱美强．改进单尺度 Retinex 算法在矿井图像中的运用［J］．煤矿机械，2015，36（5）：282-284.

[14]　靳海伟．基于视频的运动目标检测算法研究［D］．无锡：江南大学，2015.

[15]　STAUFFER C，GRIMSON W E L．Learning patterns of activity using real-time tracking［J］．IEEE Transactions on Pattern Analysis & Machine Intelligence，2000，22（8）：747-757.

[16]　LIN H H，CHUANG J H，LIU T L．Regularized background adaptation：a novel learning rate control scheme for gaussian mixture modeling［J］．IEEE Transactions on Image Processing，2011，20（3）：822-36.

[17]　HORPRASERT T，HARWOOD D，DAVIS L S．A statistical approach for real-time robust background subtraction and shadow detection［J］．IEEE Frame Rate Workshop，1999：1-19.

[18]　KAEWTRAKULPONG P，BOWDEN R．An improved adaptive background mixture model for re-al-time tracking with shadow detection［M］．Boston：Springer，2002.

[19]　CHEN H T，LIN H H，LIU T L．Multi-object tracking using dynamical graph matching［C］// Proceeding of the 2001 IEEE Computer Society Conference on Computer Vision and Pattern Rec-ognition．Kauai：IEEE，2001.

[20]　PLATT J C．Fast training of support vector machines using sequential minimal optimization ［M］．Boston：MIT Press，1999.

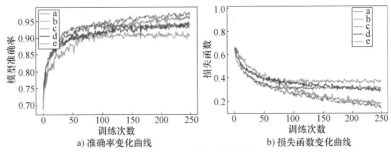

a) 准确率变化曲线   b) 损失函数变化曲线

图 5-15 训练过程曲线

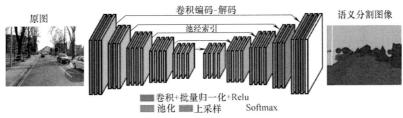

图 5-19 SegNet 网络模型的结构

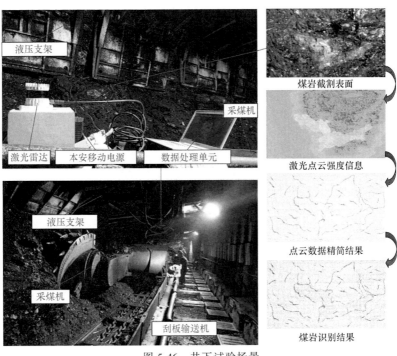

图 5-46 井下试验场景

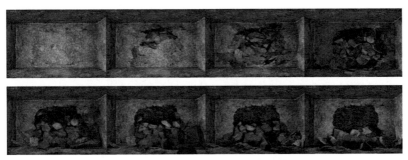

图 7-20 模拟煤壁片帮动画效果截图